大学物理实验

杨昌权　尹建武　冯　杰　主编

科学出版社

北　京

内 容 简 介

本书系按《理工科类大学物理实验课程教学基本要求》(2010 年版)的要求，为大学非物理学专业理工科学生所编写，目的是对学生进行物理实验的基本知识的教育、基本实验技能的训练以及初步培养学生设计实验、产品的能力. 全书共分 7 部分，绪论部分介绍了大学物理实验课的重要性和学习的目的；第 1 章介绍测量、误差、不确定度、有效数字等物理实验的基本知识；第 2 章介绍基本物理实验的基本测量方法；第 3 章介绍了长度、时间等基本物理量的测量；第 4 章的内容为基础性实验，通过这些实验的学习，让学生的基本实验知识和训练基本的实验技能，为后面的实验的学习打下基础；第 5 章的内容为提高性实验，要求学生综合运用物理学各分支学科知识，解决较难的实验课题；第 6 章的内容为设计性实验，需要学生充分发挥自己的能动性和协助能力完成实验.

本书可供理(非物理学)工科类专业的大学生使用，亦可为参加物理奥赛的中学生、物理学专业的大学生和从事大、中学物理实验教学的老师提供参考.

图书在版编目（CIP）数据

大学物理实验/杨昌权，尹建武，冯杰主编. —北京：科学出版社，2011.9
ISBN 978-7-03-032288-3

Ⅰ.①大… Ⅱ.①杨…②尹…③冯… Ⅲ.①物理学－实验－高等学校－教材 Ⅳ.①O4-33

中国版本图书馆 CIP 数据核字(2011)第 182880 号

责任编辑：张颖兵/责任校对：梅 莹
责任印制：彭 超/封面设计：苏 波

科 学 出 版 社 出版

北京东黄城根北街 16 号
邮政编码：100717
http://www.sciencep.com

武汉中科兴业印务有限公司印刷
科学出版社发行 各地新华书店经销

*

2011 年 9 月第 一 版 开本：787×1092 1/16
2011 年 9 月第一次印刷 印张：11 1/4
印数：1—4 000 字数：259 000

定价：20.00 元

（如有印装质量问题，我社负责调换）

《大学物理实验》编委会

前　言

　　物理学是一门实验科学,它是自然科学的基础.大学物理实验课是大学中理、工、医、农等各科最基本的课程之一,它是物理学理论知识与实际生活紧密联系的纽带,能够培养学生实践能力和创新设计能力.对学生的科学素质的培养具有重要的意义.随着时代的发展,物理学近年来在其他学科中迅速渗透和广泛应用,大学物理实验的内容必须"与时俱进".黄冈师范学院电工电子实验教学示范中心(含大学物理实验教学)积极改革物理实验教学体系和内容,淘汰一些陈旧的实验项目,大力引进新技术,安排出新的实验项目,使其大学物理实验课程紧跟时代发展而不断更新,取得了可喜的效果.本教材是总结这些经验并吸收许多院校的宝贵意见而编写成的.

　　本教材是按照教育部高等学校物理学与天文学教学指导委员会物理基础课教学指导分委员会编制的《理工科类大学物理实验课程教学基本要求(2010年版)》的要求编写的.根据它的教学内容的基本要求和能力培养的基本要求而设置大学物理实验课的课程体系、教学内容以及教学模式,实行分层次教学,即基础性实验、综合性实验、设计性实验和研究性实验4个层次的教学.

　　这部教材的完成,得到了许多老师的大力支持,他们把自己的教学经验融入教材之中.其中绪论、第1章、第2章及第3章由杨昌权完成;实验4.1～实验4.5,实验5.1～实验5.3,实验6.1和实验6.2由本人组织陈娇、祁翔、明星老师共同完成;实验4.6～实验4.10,实验5.4～实验5.6,实验6.3和实验6.4由孟桂菊老师组织尹建武、任铁未、郑桂容老师共同完成;实验4.11和实验4.12,实验5.7～实验5.9,实验6.5和实验6.6由汪瑞祥老师组织冯杰、王小兰、邓洪亮、严朝雄老师共同完成.全书最后由杨昌权统一审定.借此,对老师们和科学出版社工作人员的辛勤劳动和大力帮助表示由衷的感谢!

杨昌权

2011年6月于黄州

目　　录

0 绪论

0.1 物理实验的重要性

0.1.1 物理实验在物理学中的地位与作用

物理学是自然科学的基础,它的研究方法有理论研究方法和实验研究方法两种.理论研究最终要经实验检验,所以说物理学是一门实验科学,物理实验的重要性可见一斑.从物理学的发展过程来看,实验是决定性的因素.发现新的物理现象,寻找物理规律,验证物理定律等,都只能依靠实验.离开了实验,物理理论就会苍白无力,就会成为"无源之水,无本之木",不可能得到发展.

力学是物理学中最早形成的分支理论,16世纪伟大的实验物理学家伽利略,用他出色的实验工作把古代对物理现象的一些观察和研究引上了当代物理学的科学之路,使物理学发生了革命性的开端.如自由落体定律、惯性定律等,都是由伽利略通过实验发现和总结出来的.万有引力定律被海王星的发现和哈雷彗星的准确观测等实验所证明,力学中的核心规律牛顿三定律也是实验的总结.

电磁学的定量研究和发展是从库仑定律开始的,此定律是库仑发明的扭秤并用它来测量电荷之间的作用力开始的;热学是从玻-马定律等三个实验规律开始的;光学的研究是从大量的观察和测量得到的反射定律和折射定律开始的.经典物理学的基本定律几乎全部是实验结果的总结和推广.在19世纪以前,没有纯粹的理论物理学家.对物理理论的发展有重大贡献的牛顿、菲涅耳、麦克斯韦等,都亲自从事实验工作.

19世纪末的"两朵乌云",即黑体辐射实验和迈克耳孙-莫雷实验,"三大发现",即X射线、放射性和电子,拉开了近代物理的序幕.由于物理学的发展越来越复杂,才有了以理论研究为主和以实验研究为主的分工,出现了"理论物理学家",爱因斯坦无疑是最著名的理论物理学家,而他获得诺贝尔物理学奖是因为他正确解释了光电效应的实验.

物理实验不仅对于物理学的研究极其重要,对于其他学科也非常重要.材料科学、计算机技术、电子物理、电子工程、光源工程、光科学信息工程等学科都有大量物理学的应用;在化学中,从光谱分析到量子化学,从放射性测量到激光分离同位素,也无不是物理学的应用;在生物学的发展中,离不开各类显微镜的贡献,DNA的双螺线结构就是美国的遗传学家和英国的物理学家共同建立并为X光衍射实验所证实的,而对DNA的操纵、切割、重组也都离不开物理学家的帮助;在医学中,从X光透视、CT诊断、B超诊断、核磁共振诊断到各种理疗手段,都是物理学的应用.物理学正在渗透到各个学科领域,而这种渗透无不与实验密切相关.

0.1.2　物理实验的教育功能

物理实验对学生的发展起着非常重要的作用,它是培养学生科学素质的重要途径之一,它除了一般理论课所具备的教育功能之外,还具有如下三个方面的独特教育功能:

(1)促进学生手脑的协调发展.青少年时期,是手脑发展的关键时期,二者的协调发展尤为重要.手和脑的发展的结合点是实践活动,物理实验是一种能动的实践活动,合理的操作需要思维的指导,而在思维指导下的熟练操作往往是产生新思想的源泉.

(2)促进学生认知结构的变化.物理实验的教学适应大学生认知发展水平,并且学生通过动手、动脑的实验学习能有效地纠正头脑中的非科学的概念.物理实验教学对并列结合学习效果明显,对学生学习达到较高认知目标上有积极的促进作用.

(3)可以发展非智力因素.与理论课现成的结论不同,物理实验课总是先质疑,勇于质疑可以培养学生的探索精神.物理实验的对象是复杂多变的自然现象,学生必须具有自觉性、果断性,这样才能对复杂的情况采取适当的措施.测量数据需要反复多次,还可能经历多次失败才能获得,所以物理实验可以培养坚毅不拔等意志和品质.观察和测量时从大自然获得真实的信息,任何想当然或者编造的事实,绝不可能得出科学的结论,所以物理实验能够培养学生实事求是的科学态度.

然而,重视理论轻实践的错误观念至今仍有影响,我国的学校教育,特别是中学,并不重视物理实验的教育.美籍华裔物理学家杨振宁先生1982年指出:"像我这样有了一点名气的也有不好的影响,在国内有许多的青年人都希望搞我这一行(指搞理论),但是,像我这样的人,中国目前不是急需.要增加中国的社会生产力需要的是很多会动手的人."另一位美籍华裔物理学家丁肇中先生,也强调物理实验的重要性,在1978年领取诺贝尔物理学奖时说:"我的获奖,将唤起发展中国家的学生们对实验的兴趣."据统计,1901年诺贝尔物理学奖颁奖以来,实验物理学家得此奖的人数是理论物理学家的两倍,而近30年以来,此比例更高,为6倍.由此可见,物理实验的重要性.我们要摆正理论与实践的关系.

0.2　大学物理实验课的任务与要求

两届教育部高等学校物理学与天文学教学指导委员会非物理学专业物理基础课教学指导分委员会,在教育部高等教育司的直接指导下,深入调查研究,广泛听取各方面的意见,特别是第一线老师的意见及有丰富教学经验的资深专家的意见,反复修订10多次,提出非物理学专业大学物理实验课的任务.

0.2.1　非物理学理工科专业大学物理实验课的任务

（1）培养学生的基本科学实验技能,提高学生的科学实验基本素质,使学生初步掌握实验科学的思想和方法.培养学生的科学思维和创新意识,使学生掌握实验研究的基本方法,提高学生的分析能力和创新能力.

（2）提高学生的科学素质,培养学生理论联系实际和实事求是的科学作风,认真严谨的科学态度,积极主动的探索精神,遵守纪律、团结协作、爱护公共财产的优良品德.

0.2.2　通过物理实验课应达到的三个基本要求

0.2.2.1　系统掌握基本知识、基本方法、基本技能

通过物理实验使学生在基本知识、基本方法、基本技能（三基）得到严格而系统的训练,是做好物理实验的基础.

基本知识包括实验原理、各类仪器的结构与工作机理、实验的误差分析与不确定度评定、实验结果的表述方法、如何对实验结果进行分析与判断等.

基本方法包括如何根据实验目的和要求确定实验的思路与方案、如何选取和正确使用仪器、如何减少各类误差、如何采取一些特殊的方法来获取通常难以获得的结果等.

基本技能包括各种调节与测试技术（如粗调、微调、准直、调零、读数、定标 ……）,真空技术、电工技术、传感器技术、金工技术以及查阅文献的能力、自学能力、协作共事的能力、总结归纳能力、口头表达能力等.

0.2.2.2　学习用实验方法研究物理现象、验证物理规律,加深对物理理论的理解和掌握,并在实践中提高发现问题、分析问题和解决问题的能力

研究物理现象和验证物理规律是进行物理实验的根本目的,在学习"三基"的过程中要有意识地学习这种能力.一般的验证性实验虽然是教师安排好的,但学生应仔细体会其中的奥妙所在,不应只按所规定的步骤操作、记数据、得出结果就算完成.要多问为什么,想一想如果不按所规定的步骤会出现什么问题?能否用其他的方法达到同样的实验目的?有条件的情况下,也可以自己设计实验.

只从书本上得到的知识往往是不完整的、不具体的、抽象的,只有通过实验,亲自动手、亲自体会,才能学到有血有肉的活生生的物理,才能使抽象的概念和深奥的理论变成具体的知识和实际经验,变成在解决实际问题中的有力工具.根据学习理论,动手操作所掌握的知识比视听所获得的知识的效果要牢固得多.

0.2.2.3　养成实事求是的科学态度和积极创新的科学精神

因为物理学研究"物"之"理",就是从"实事"中去"求是",所以严肃认真的物理学工作者都必须坚持用实践来检验理论研究成果.物理学的实践就是物理实验,在物理实验

课中最能培养实事求是、严谨踏实的科学态度,不要因为一些实验的结果可以预知,而篡改甚至伪造数据,应严格规定不能用铅笔记录实验数据,不能使用涂改液,数据的更改要说明理由,数据的取舍要根据一定的规则.实验结果没有"好坏"之分,与预想的不一致的实验结果,还应特别重视,它可能是某个新发现的开端.积极创新的科学精神与实事求是的严谨态度是密切相关的,只要认真地去做实验,一定会发现许多的问题,解决这些问题往往需要坚韧不拔的毅力和积极创新的思维.所以,实验室应当而且可以成为培养学生实事求是的科学态度和积极创新的科学精神的最好场所.

0.3　物理实验课的基本程序

0.3.1　预习

预习对于实验课比理论课更为重要,不预习也许可以听好一堂理论课,但决不可能完成好一堂实验课.实验课预习分为理论预习和仪器预习.

理论预习的基本要求是仔细阅读教材和网上提供的资料,了解实验的目的和要求、实验原理、方法和仪器设备.

仪器预习是根据实验室的安排到实验室对照仪器预习,了解仪器的构造、性能、操作规程及注意事项,并进行动手操作.预习完毕,要画好记录表格,写明实验步骤和注意事项.

0.3.2　实验操作与记录

实验室中有大量的仪器设备和实验材料,有大功率电源、水源、激光、放射源、易燃易爆物品,以及其他有毒、有害物品等.因此,学生进入实验室之前要严格学习相关的规章制度,如学生实验室守则、实验室安全制度、仪器使用及赔偿制度等,以确保人身安全和仪器设备安全.

做实验时,要仔细阅读仪器使用说明书,明确注意事项,严格按照实验步骤和操作规程进行实验.既要胆大又要心细,要严肃认真、一丝不苟,对于精密贵重的仪器和元件,特别要稳拿妥放,防止损坏.在电磁学实验中,必须经老师检查同意后才可接通电源.在调节时,应先粗调后微调.在读数时,应先取大量程后取小量程.实验完毕,应整理好仪器,关好水、电、煤气等,经老师同意后才能够离开实验室.

实验记录是实验的重要组成部分,它应全面真实地反映实验的全过程,包括实验的主要步骤,观察与测量的条件,观察到的现象和数据.数据常用表格来记录,要做到随测随记,记录原始数据,不能随意舍去某个数据,决不可伪造和篡改数据,记录要尽量清晰、详尽.科学研究中的实验记录本是极其宝贵的资料,要长期保存.

0.3.3 写实验报告

以实验记录为基础撰写实验报告,其内容包括课题、目的、仪器及用具、原理、步骤、数据记录及处理、对实验进行分析和讨论.

实验原理部分的内容较多,可简明扼要;实验数据的处理是实验的重点,要得出结果或结论,它不是简单的测量结果,还应包括不确定度的评定、对测量结果与期望值的关系讨论.

对实验的分析和讨论尤为重要,可以使学生的思维能力和创新能力得到锻炼和发展.除了以上对实验结果的讨论之外,还可以对实验感兴趣的、关键的问题进行讨论,例如是否有其他的实验方法,实验遇到的困难的处理,对实验设计改进的设想和问题,对实验中出现的异常现象的分析与判断、处理等.

实验报告不是写给老师的,而应是学习生活的足迹,写实验报告是培养实验研究人才重要的一环.

1 测量的不确定度及数据处理

1.1 测量与仪器

1.1.1 测量

1.1.1.1 测量的定义

物理实验离不开测量,测量是指为确定被测量对象的量值而进行的被测物与仪器相比较的实验过程. 它分为直接测量和间接测量.

1.1.1.2 直接测量

直接测量是指被测量和仪器直接比较,得出被测量量值的测量.

1.1.1.3 间接测量

间接测量是指由一个或几个直接测得量经已知函数关系计算出被测量量值的测量. 例如,测量固体的密度 ρ,通过测量固体的质量 m 和体积 v,利用公式计算出固体的密度 $\rho = \dfrac{m}{v}$ 的过程的测量.

1.1.2 仪器

1.1.2.1 测量仪器

测量仪器是指用以直接或间接测出被测对象量值的所有器具,如螺旋测微计、物理天平、温度计、电流表、照度计等.

1.1.2.2 基准

一个国家的最准确的计量器具称为主基准. 全国各地的由主基准校准过的计量器具叫做工作基准.

1.1.2.3 仪器的准确度等级

测量时是以计量器具为标准进行比较,当然要求仪器准确. 国家规定工厂生产的仪器分为若干准确度等级.各类各等级的仪器,又有对准确度的具体规定.例如,1级螺旋测微计,测量范围小于 50 mm,最大误差不超过 ± 0.004 mm;又如,1.0 级电流表,测量范围为 $0 \sim 500$ mA 的基本误差限为 ± 5 mA.

习 题 一

1. 测量就是比较,试说明如下的测量是如何体现比较的:

(1) 用杆秤称量一个冬瓜的重量;

(2) 用弹簧秤称一新生婴儿的重量.

2. 你知道如何去做下面的测量吗?

(1) 跑百米的时间;

(2) 子弹的速度.

3. 电梯运动时有加速度,将一弹簧称放在电梯上,其上放 1 kg 重砝码,电梯运动时秤的指示值是 1 kg 吗?秤的指示值和电梯加速度是否有联系?

4. 间接测量量是否可能成为直接测量量呢?

1.2 测量与误差

做物理实验时要对一些物理量进行测量.每一个物理量的测量,都是在实验当时的条件下进行的,都有一个不以人们意志为转移的真实大小.

1.2.1 真值

物理量的客观大小叫被测量的真值,通常用字母 a 来表示.测量的理想结果是真值,由于测量仪器只能准确到一定程度;还有测量环境条件的影响;观测者的操作和读数不能十分准确;理论的近似性等原因,所以它是不能确知的.

1.2.2 误差

由于测量值和真值总可能不一致.误差的定义是:测量值与真值的差,通常用字母 ε 来表示.即误差(ε) = 测量值(x) − 真值(a).当 $x \geqslant a$ 时,$\varepsilon \geqslant 0$;$x < a$ 时,$\varepsilon < 0$.

不能因为测量有误差就觉得测量没有意义,测量的任务如下:

(1) 设法将测得值中的误差减至最小;

(2) 求出在测量的条件下,被测量的最近真值(最佳值);

(3) 估计最近真值的可靠程度.

1.2.3 绝对误差与相对误差

(1) 绝对误差(Δx).绝对误差(Δx) = 测量值(x) − 真值(a).

（2）相对误差. $\dfrac{\Delta x}{x} \times 100\%$ 即为相对误差.

相对误差更能说明测量结果的好与坏.

由于真值是不能确知的,所以实际测量中用算术平均值代替真值,用偏差(残差 v_i)来表示误差,偏差$(v_i) = $ 测量值$(x) - $ 算术平均值$(\overline{x})$,其相对误差 $E = \dfrac{v_i}{x} \times 100\%$.

1.3　系统误差与随机误差

根据误差性质和来源来分,误差分为系统误差和随机误差.

1.3.1　系统误差

在同一条件下(方法仪器环境和观测人不变等)多次测量同一物理量时,符号和绝对值保持不变的误差,或按某一确定的规律变化的误差,称为系统误差. 如仪器自身的误差,2.5 级 $0 \sim 100$ mA 的电流表,在测量范围内测量值的误差要小于 $2.5\% \times 100$ mA,即 2.5 mA;0.5 级 $0 \sim 100$ mA 的电流表,在测量范围内测量值的误差要小于 $0.5\% \times 100$ mA,即 0.5 mA. 因此 0.5 级的电流表测量值比 2.5 级电流表测量值更可靠. 但是任何精密仪器都是有误差的.

1.3.2　系统误差的来源

（1）理论(方法)误差. 如单摆的周期公式 $T = 2\pi\sqrt{\dfrac{l}{g}}$,是在摆角很小(接近 $0°$),忽略空气对摆球的阻力等条件下才成立的,实验中此公式只是近似成立.

（2）仪器误差. 任何精密的仪器都是有误差的. 这与仪器的精度有关系,精度越高误差就越小.

（3）环境误差. 实验要满足一定的条件,而在做实验过程中,无法满足这些条件,必然对实验结果产生影响.

（4）个人误差. 实验者的某些不良习惯造成的误差,如读数斜视等.

还有其他的原因,总之系统误差都有明确原因,因此对它的研究主要是,探索系统误差的来源,设计实验方案消除或消减该项误差;估计残存系统误差的可能范围.

1.3.3　随机误差

在同一条件下多次测量同一物理量时,测得值总是有稍许差异而且变化不定,并在消除系统误差之后依然如此,这部分绝对值和符号经常变化的误差,称为偶然误差.

1.3.4　随机误差产生原因及规律

微小干扰引起的,无法控制,伴随测量而产生. 随机误差遵从统计分布规律:

(1) 有界性. 误差不可能超过一定范围.

(2) 单峰性. 小误差出现的几率大于大误差.

(3) 对称性. 正负误差出现的机会相近.

用手控秒表测量某单摆的周期共 200 次,测量值的大小变化不定,似乎没有规律,其实这种偶然现象服从统计规律. 现将测得值分布的区域等分为 9 个区间,统计各区间内测量值的个数 N_i,以测量值为横坐标,$\dfrac{N_i}{N}$ 为纵坐标(N 为总数) 作统计直方图,某一次的测量结果,如图 1.1 所示.

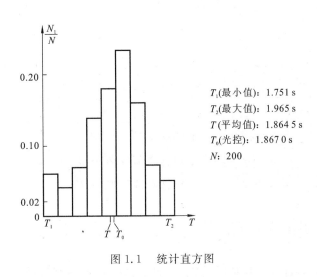

T_1(最小值): 1.751 s

T_2(最大值): 1.965 s

T(平均值): 1.864 5 s

T_0(光控): 1.867 0 s

N: 200

图 1.1　统计直方图

多次测量与上面有相似的结果,因此可以得到偶然误差遵从统计规律.

1.3.5　算术平均值

设在相同的条件下的 n 次测量值 $x_1, x_2, \cdots, x_n$ 的误差为 $\varepsilon_1, \varepsilon_2, \cdots, \varepsilon_n$,真值为 a,则

$$(x_1 - a) + (x_2 - a) + \cdots + (x_n - a) = \varepsilon_1 + \varepsilon_2 + \cdots + \varepsilon_n$$

$$\frac{1}{n}(x_1 + x_2 + \cdots + x_n) - a = \frac{1}{n}(\varepsilon_1 + \varepsilon_2 + \cdots + \varepsilon_n)$$

算术平均值 $\overline{x} = \dfrac{1}{n}(x_1 + x_2 + \cdots + x_n)$.

假如各测量值的误差只是随机误差,而随机误差有正有负,相加时可以抵消一些,所以 n 越大,算术平均值越接近真值. 因此可以用算术平均值作为被测量真值的最佳估值.

一般来讲测量值中包含系统误差,而相加时它们不能抵消,这时应当用算术平均值减去系统误差作为被测量真值的最佳估值.

1.3.6　实验标准偏差

具有随机误差的测量值将是分散的,对同一被测量做 n 次测量,表征测量结果分散性的量 s 称为实验标准偏差,s 可由贝塞尔公式算出:

$$s = \sqrt{\frac{\sum\limits_{i=1}^{n}(x_i - \overline{x})^2}{n-1}}$$

1.3.7　平均值的实验标准偏差

$$s(\overline{x}) = \frac{s}{\sqrt{n}} = \sqrt{\frac{\sum\limits_{i=1}^{n}(x_i - \overline{x})^2}{n(n-1)}}$$

按误差理论的高斯分布可知:

$[\overline{x} - s(\overline{x}), \overline{x} + s(\overline{x})]$ 范围包含真值的概率是 68.3%,

$[\overline{x} - 1.96s(\overline{x}), \overline{x} + 1.96s(\overline{x})]$ 范围包含真值的概率是 95%,

$[\overline{x} - 2.58s(\overline{x}), \overline{x} + 2.58s(\overline{x})]$ 范围包含真值的概率是 99%.

1.3.8　关于测量次数的讨论

增加测量次数 n,计算平均值时的抵偿效果会好些,但是测量次数也不是越多越好,因为要增加 n,测量的时间就要延长,实验环境可能出现不稳定,实验者也要疲劳,这将引入新的误差.因此测量次数 $6 \sim 10$ 为宜,并不是越多越好.

过失误差(粗大误差):粗心大意,疲劳过度造成,此类误差数据应记录,经分析后才能够去掉.

习　题　二

1. 工厂生产的仪器经检验为合格品,用它测量会有误差吗?

2. 一组测量值,相互差异很小,此测量值的误差很小吗?

3. 算术平均值作为真值的最佳估计值有否条件?

4. 测量不可能没有误差,作为实验者应当使组织的实验尽量减少误差,你能就用单摆测重力加速度的实验,设想如何减小误差吗?

1.4 实验中的错误与高度异常值

实验中出现错误是难免的,可能是公式错了、装置安错了、电路联错了、读数错了等.实验搞错了在时间上和精神上都是损失,我们首先是要防止出现错误,其次要尽早地发现错误.这需要实验者具有一定的实验素养.

在一组数据中,有的数据稍许偏大或偏小,要加以分析,不能随意删去这些数据,如果简单的数据分析不能判定它是错误数据,就要借助误差理论.这里介绍格鲁布斯判据.

设在相同的条件下的 n 次测量值 $x_1, x_2, \cdots, x_n$ 近似为正态样本,其平均值为 $\overline{x}$,实验标准偏差为 s,取统计量 G 为残差$(x_i - \overline{x})$ 与 s 之比:

$$G = \frac{|x_i - \overline{x}|}{s}$$

格鲁布斯判据给出 G 的分布的临界值 $G(n, \alpha)$(α 为显著性水平). 对可疑值 x_m,当 $\frac{|x_m - \overline{x}|}{s} > G(n, \alpha)$ 时,就判定 x_m 为高度异常值. 表 1.1 为格鲁布斯判据临界值表.

表 1.1 格鲁布斯判据临界值表 $(\alpha = 0.01)$

n	3	4	5	6	7	8	9	10	11	12	13
$G(n, \alpha)$	1.15	1.49	1.75	1.94	2.10	2.22	2.32	2.41	2.48	2.55	2.61
n	14	15	16	17	18	19	20	25	30	40	50
$G(n, \alpha)$	2.66	2.70	2.74	2.78	2.82	2.85	2.88	3.01	3.10	3.24	3.34

$G(n, \alpha)$ 可用下式近似计算得出:

当 $n < 30$,

$$G(n, \alpha) = \frac{\ln(n - 2.65)}{2.31} + 1.305$$

当 $n \geqslant 30$,

$$G(n, \alpha) = \frac{\ln(n - 3)}{2.30} + 1.36 - \frac{n}{550}$$

例如,测得一组长度值(单位 cm):98.28, 98.26, 98.24, 98.29, 98.21, 98.30, 98.97, 98.25, 98.23, 98.25,计算出

$$\overline{x} = 98.328 \text{ cm} \qquad s = 0.227 \text{ cm}$$
$$n = 10 \qquad G(n, \alpha) = 2.41$$
$$\overline{x} - G(n, \alpha)s = 97.781 \text{ cm} \qquad \overline{x} + G(n, \alpha)s = 98.875 \text{ cm}$$

数据 98.97 在此范围之外应舍去. 除去后再计算

$$\overline{x} = 98.257 \text{ cm} \qquad s = 0.029 \text{ cm} \qquad s(\overline{x}) = 0.010 \text{ cm}$$

1.5　测量不确定度

测得值只能是真值的近似值,现在要讨论的不是测得值和真值的偏离大小,而是如何计算测得值与真值之差的可能范围,即测量的不确定度.

测量不确定度的来源很多,这些不同来源的不确定度在计算方法上只有两类,一类称为 A 类分量,它是用统计学方法计算的分量,是随机误差性质的不确定度;另一类称为 B 类分量,它是用其他方法(非统计方法)评定的分量,是系统误差性质的不确定度.

1.5.1　直接测量值的标准不确定度的 A 类分量

$$u_A(\overline{x}) = s(\overline{x}) = \sqrt{\frac{\sum\limits_{i=1}^{n}(x_i - \overline{x})^2}{n(n-1)}}$$

当测量值 x 的分布为正态分布时,不确定度 $u_A(x)$ 表示 $\overline{x}$ 的随机误差在 $-u_A(x) \sim +u_A(x)$ 范围内的概率为 68.3%.

1.5.2　直接测量值的标准不确定度的 B 类分量

设 x 误差的某一项的误差限为 Δ,其标准差 $\frac{\Delta}{k}$(k 为与该未定系差分量的可能分布有关的常数),则标准不确定度的 B 分量

$$u_B(x) = \frac{\Delta}{k}$$

按均匀分布,$k = \sqrt{3}$,则 $u_B(x) = \frac{\Delta}{\sqrt{3}}$,$\overline{x}$ 的该项误差在 $-u_B(x) \sim +u_B(x)$ 范围内的概率为 57%.

例如,使用量程 $0 \sim 300$ mm,分度值为 0.02 mm 的游标卡尺测量长度时,按计量技术规范 JJG30-84,其示值误差在 ± 0.02 mm 以内,即极限误差 $\Delta = 0.02$ mm,则由游标卡尺引入的标准不确定度

$$u_B(x) = \frac{0.02}{\sqrt{3}} = 0.012(\text{mm})$$

1.5.3　合成标准不确定度 $u_C(x)$ 或 $u_C(y)$

由于物理量的测得值的不确定度的来源较多,如用天平称衡一物体的质量,不确定度的来源有:① 重复测量读数(A 类评定);② 天平不等臂(B 类评定);③ 砝码的标称值的误差(B 类评定);④ 空气浮力引入的误差(B 类评定).

由不同来源分别评定的标准不确定度要合成为测得值的标准不确定度. 采用算术求和将可能增大合成值, 国际统一采用方和根法, 合成两类分量, 如图 1.2 所示.

对于直接测量量, 设被测量 x 的标准不确定度的来源有 n 项, 则合成不确定度

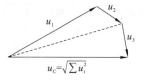

图 1.2 函数分量的合成

$$u_C(x) = \sqrt{\sum_{i=1}^{n} u^2(x)_i}$$

对于间接测量量, 设被测量 y 由 m 个不相关的直接测量量 $x_1, x_2, \cdots, x_m$ 算出, 它们的关系为 $y = y(x_1, x_2, \cdots, x_m)$, 各 x_i 的标准不确定度为 $u(x_i)$, 则合成不确定度

$$u_C(y) = \sqrt{\sum_{i=1}^{m} \left(\frac{\partial y}{\partial x}\right)_2 u^2(x_i)}$$

对于幂函数 $y = A x_1^a x_2^b \cdots x_m^k$, 因为

$$\frac{\partial y}{\partial x_1} = y \frac{a}{x_1}, \quad \frac{\partial y}{\partial x_2} = y \frac{b}{x_2}, \quad \cdots, \quad \frac{\partial y}{\partial x_m} = y \frac{k}{x_m}$$

所以

$$u_C(y) = y \sqrt{\left[a \frac{u(x_1)}{x_1}\right]^2 + \left[b \frac{u(x_2)}{x_2}\right]^2 + \cdots + \left[k \frac{u(x_m)}{x_m}\right]^2}$$

1.5.4 测量结果的报道

$$Y = y \pm u_C(y)$$

或用相对不确定度

$$Y = y(1 \pm u_C)$$

1.5.5 测量不确定度的计算举例

例 1 用螺旋测微计测一钢球的直径 d.

螺旋测微计 (No.5310), 零点读数为 -0.004 mm, 测量纪录如下: 13.217 mm, 13.208 mm, 13.218 mm, 13.209 mm, 13.215 mm, 13.207 mm, 13.213 mm, 13.215 mm.

$$\bar{d} = 13.2127 \text{ mm} \qquad s = 0.0042 \text{ mm} \qquad s(\bar{d}) = \sqrt{\frac{\sum_{i=1}^{n}(x_i - \bar{x})^2}{n(n-1)}} = 0.0015 \text{(mm)}$$

$n = 8, G_n = 2.22$, 可保留数据范围为

$$d \leqslant (13.2127 + 2.22 \times 0.0042) \text{mm} = 13.222 \text{ mm}$$

$$d \geqslant (13.2127 - 2.03 \times 0.0042) \text{mm} = 13.203 \text{ mm}$$

审查结果数据均为可保留, 零点补正后的测量结果

$$d = [13.2127 - (-0.004)] \text{mm} = 13.2167 \text{ mm}$$

不确定度来源:

（1）多次测量

$$u_A(d) = s(\overline{d}) = 0.0015 \text{ mm}$$

（2）螺旋测微计误差

$$u_B(d) = \frac{\Delta}{\sqrt{3}} = \frac{0.004 \text{ mm}}{\sqrt{3}} = 0.0023 \text{ mm}$$

（3）合成不确定度

$$u_C(d) = \sqrt{0.0015^2 + 0.0023^2} \text{ mm} = 0.0027 \text{ mm}$$

测量结果 $d = (13.217 \pm 0.003) \text{ mm}$.

例2　用单摆测重力加速度 g.

设摆长为 L,摆动 n 次的时间为 t,则 $g = \dfrac{4\pi^2 L}{\left(\dfrac{t}{n}\right)^2}$.

记录:用钢卷尺测摆长为 0.9722 m(测一次),用游标卡尺测摆球直径为 1.265 cm(测一次),停表精度为 0.1 s,摆角小于 $3°$,摆动 50 次时间 t 为 $99.32 \text{ s}, 99.35 \text{ s}, 99.26 \text{ s}, 99.22 \text{ s}$.

$$l = 0.9722 \text{ m} + \frac{0.01265 \text{ m}}{2} = 0.97852 \text{ m}$$

$$t = 99.2875 \text{ s} \qquad s(t) = 0.058 \text{ s} \qquad s(\overline{t}) = 0.029 \text{ s}$$

按格鲁布斯判据审查 t 值均为可保留.

$$g = \frac{4\pi^2 \times 0.97852 \text{ m/s}^2}{\left(\dfrac{99.2875}{50}\right)^2} = 9.7967 \text{ m/s}^2$$

不确定度的计算:

（1）L 的标准不确定度. 来源于钢卷尺

$$\Delta = 0.5 \text{ mm} \qquad u_A(l) = \frac{0.5}{\sqrt{3}} = 0.29 \text{ mm}$$

来源于目测 L,估计为

$$\Delta = 0.5 \text{ mm} \qquad u_B(l) = \frac{0.5}{\sqrt{3}} = 0.29 \text{(mm)}$$

游标卡尺引入的不确定度较小,忽略不计,则

$$u_C(L) = \sqrt{0.29^2 + 0.29^2} \text{ mm} = 0.41 \text{ mm}$$

（2）t 的标准不确定度. 重复测量

$$u_A(t) = s(\overline{t}) = 0.029 \text{ s}$$

秒表引入的

$$\Delta = 0.3 \text{ s} \qquad u_B(t) = \frac{0.3}{\sqrt{3}} = 0.17 \text{(s)}$$

则

$$u_C(t) = \sqrt{0.029^2 + 0.17^2} \text{ s} = 0.17 \text{ s}$$

重力加速度 g 的不确定度

$$u_C = g\sqrt{\left[\frac{u_C(L)}{L}\right]^2 + \left[2\,\frac{u_C(t)}{t}\right]^2}$$

$$u_C = g\sqrt{\left(\frac{0.00041}{0.97852}\right)^2 + \left(2\times\frac{0.17}{99.28}\right)^2} = 0.03\,(\mathrm{m/s^2})$$

测量结果

$$g = (9.80\pm0.03)\mathrm{m/s^2}$$

习 题 三

1. 测量结果的标准偏差和不确定度有何差异?有何联系?

2. 不确定度和测量结果的误差有何联系?

3. 被测量的真值是不可确知的,但在测量之后对真值毫无所知吗?

4. 一个测量的不确定度,其 A 类评定部分明显小于 B 类评定部分,说明什么?如果相反又说明什么?

5. 求下列各式的不确定度传递(合成)公式:

(1) $V = \dfrac{4}{3}\pi r^3$;

(2) $g = 2s/t^2$;

(3) $a = \dfrac{d^2}{2s}\left(\dfrac{1}{t_2^2} - \dfrac{1}{t_1^2}\right)$.

6. 对某物理量做 10 次等精度测量,数据如下:1.58,1.57,1.55,1.56,1.59,1.56, 1.54,1.57,1.57,假设所用仪器的最大允差 $\Delta_{仪} = 0.02$. 求平均值,测量列标准差 σ,测量列的 A 类标准差 u,合成标准不定度 $U_{0.68}$ 以及 $P = 0.95$ 和 $P = 0.99$ 的展伸不确定度.

7. 位移法测凸透镜焦距所用公式为

$$f = \frac{L^2 - l^2}{4L}$$

求测量结果标准差和最大不确定度表达式.

1.6 有效数字

实验中总要记录很多数值,并进行计算,但记录时应取几位数字,运算后应留几位,是实验数据处理的重要问题. 依据是,实验时处理的数值应是能够反映出被测量的实际大小的数值.

1.6.1 有效数字的一般概念

定义:纪录与运算后保留的应为能传递出被测量实际大小信息的全部数字.

可靠数字:仪器上显示的数字;可疑数字:仪器读数时估计的数字.

1.6.2　测量结果有效数字的确定

实验后计算不确定:不确定度只取一位或二位有效数字,测量值的数值的有效数字是到不确定度的末位为止,如 $g = (981.2 \pm 1.8)\mathrm{cm/s}^2$.

实验后不计算不确定:以有效数字的运算规则为准.

1.6.3　有效数字的运算规则

可靠数字与可靠数字运算为可靠数字;可疑数字与任何数字运算为可疑数字.

(1) 加减运算后的末位,应当和参加运算各数中最先出现的可疑位一致. 例如:

$$
\begin{array}{r}
213.2\underline{5} \\
16.\underline{7} \\
+ \quad 0.124 \\
\hline
230.074
\end{array}
$$

(2) 乘除运算后的有效数字位数,可估计为和参加运算各数中有效数字位数最少的相同. 例如:$325.78 \times 0.0145 \div 789.2 = 0.00599$(取三位).

(3) 测量值 x 的三角函数或对数的有效数字的位数,可由 x 函数值域 x 的末位增加一个单位后的函数值相比较去确定. 例如:$x = 43°26'$,求 $\sin x = ?$由计算器(或查表)求出

$$\sin 43°27' = 0.6877213051 \qquad \sin 43°26' = 0.6875100985$$

由此可知应取 $\sin 43°26' = 0.6875$.

习　题　四

1. 以毫米(mm)为单位表示下列各值:

(1) 2.58 m;(2) 0.03 m;(3) 5 cm;(4) 2.0 μm;(5) 2.48 km.

2. 指出下列记录中,按有效数字要求哪些有错误:

(1) 用米尺(最小分度为 mm)测物体长度 3.4 cm,55 cm,78.68 cm,50.00 cm,16.275 cm;

(2) 用温度计(最小分度为 0.5 ℃)测温度 68.60 ℃,31.8 ℃,110 ℃,14.63 ℃;

(3) 用电流表(最小分度为 0.05 A)测电流 1.0 A,1.550 A,1.020 A,0.405 A,0.962 A.

3. 按有效数字运算规则,算出下列各式之值:

(1) $\dfrac{99.3}{2.000^3}$;

(2) $\dfrac{6.87 + 8.93}{133.75 - 21.073}$;

(3) $\dfrac{25.2 + 943.0}{479.0}$;

(4) $\dfrac{1}{751.2}\left(\dfrac{1.36^2 \times 8.75 \times 480.0}{23.25 - 14.78} - 62.69 \times 4.186\right)$.

1.7　组合测量与最佳直线参数

组合测量是通过直接或间接测量一定数目的被测量的不同组合,求解这些结果方程组,以确定这些方程组中未知参量之值的测量方法.

我们经常通过物理实验探索两个物理量 x,y 间存在 $y=a+bx$ 的线性关系(不是线性关系的可用数学的方法转换为线性关系)、a,b 为此线性函数的参数. 例如对运动系统 $F=F_阻+ma$,单摆周期公式 $T=2\pi\sqrt{\dfrac{l}{g}}$ 可转换为 $T^2=4\pi^2\dfrac{l}{g}$,变 T 与 l 间的非线性关系为 T^2 与 l 之间线性关系.

由于方程 $y=a+bx$ 只有两个未知数 a,b,似乎只需要测得两组数据 (x_1,y_1)、(x_2,y_2),建立方程组

$$\begin{cases} y_1=a+bx_1 \\ y_2=a+bx_2 \end{cases}$$

就可解出未知参数 a,b 值,实际上由于测量数据具有一定的误差,现在讨论如何从多组数据中求出较小的直线拟合参数.

1.7.1　图解法

测出 x,y 的 n 组测量数据,将这 n 组数据点标在坐标图上,如图 1.3 所示.

作图时要注意如下几点:

(1) 有直角、对数、极坐标几种坐标图纸,根据需要选定合适的坐标图纸;

(2) 横轴为自变量,纵轴为因变量. 为得到图线是直线,函数关系要作变换,如 $T=2\pi\sqrt{\dfrac{l}{g}}$,$T^2=\dfrac{4\pi^2L^2}{g}$;

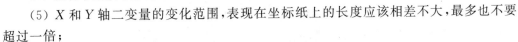

图 1.3　测量数据坐标图

(3) 坐标的原点,不一定和变量的零点一致;

(4) 坐标轴的分度要和测量的有效数字位数对应;

(5) X 和 Y 轴二变量的变化范围,表现在坐标纸上的长度应该相差不大,最多也不要超过一倍;

(6) 坐标轴要注明单位,标出坐标点;

(7) 标明图线的名称,注明作者及日期;

(8) 将图线粘贴在实验报告上.

根据数据点绘一条拟合直线,注意是直线尽量接近数据点,分散在直线两侧的数据点的数目要相近,两侧各点距直线的距离之和也应近似相等,这样做是依据误差的抵偿性.

在直线上数据区的两端取二点 (x_1,y_1)、(x_2,y_2)(一般不是数据点),求出斜率 $\hat{b}=\dfrac{y_2-y_1}{x_2-x_1}$,截距 $\hat{a}=y'-\hat{b}x'$.

式中 $\hat{a},\hat{b}$ 为 a,b 的最佳值.

　　图解法直观、简捷. 但是精密度高的数据不便于使用. 因为那要过大的坐标纸,另外图解法也难于恰当地估计 $\hat{a},\hat{b}$ 值的不确定度.

1.7.2　分组计算法

$$y_1 = a + bx_1 + \varepsilon_1$$
$$y_2 = a + bx_2 + \varepsilon_2$$
$$\cdots\cdots$$
$$y_n = a + bx_n + \varepsilon_n$$

设 n 为偶数,将方程分为两部分

$$y_i = a + bx_i + \varepsilon_i$$
$$y_{i+\frac{n}{2}} = a + bx_{i+\frac{n}{2}} + \varepsilon_{i+\frac{n}{2}}$$

忽略误差项,解出含有误差的 a_i 和 b_i 值(均有 $\dfrac{n}{2}$ 个值).

$$a_i = \frac{y_i + y_{i+\frac{n}{2}}}{2} - \frac{b_i(x_i + x_{i+\frac{n}{2}})}{2}$$

$$b_i = \frac{y_{i+\frac{n}{2}} - y_i}{x_{i+\frac{n}{2}} - x_i}$$

再按照直接测量求 a,b 的平均值、标准偏差及不确定度.

1.7.3　分组求差法

$$y_1 = a + bx_1 + \varepsilon_1$$
$$y_2 = a + bx_2 + \varepsilon_2$$
$$\cdots\cdots$$
$$y_n = a + bx_n + \varepsilon_n$$

设 n 为偶数,将 n 组数据分成两半,分别求和可得

$$\sum y_i(1) = \frac{n}{2}a + b\sum x_i(1) + \sum \varepsilon_i(1)$$

$$\sum y_i(2) = \frac{n}{2}a + b\sum x_i(2) + \sum \varepsilon_i(2)$$

由于偶然误差的性质,忽略误差项,得

$$b = \frac{\sum y_i(2) - \sum y_i(1)}{\sum x_i(2) - \sum x_i(1)}$$

$$a = \overline{y} - b\overline{x}$$

此方法常称为逐差法.

1.7.4 最小二乘法

$$\left.\begin{aligned} y_1 &= a + bx_1 + \varepsilon_1 \\ y_2 &= a + bx_2 + \varepsilon_2 \\ &\cdots\cdots \\ y_n &= a + bx_n + \varepsilon_n \end{aligned}\right\} \Rightarrow \left\{\begin{aligned} \varepsilon_1 &= y_1 - (a + bx_1) \\ \varepsilon_2 &= y_2 - (a + bx_2) \\ &\cdots\cdots \\ \varepsilon_n &= y_n - (a + bx_n) \end{aligned}\right.$$

将上式两侧平方后求和,得

$$\sum \varepsilon_i^2 = \sum [y_i - (a + bx_i)]^2$$

a, b 的最小二乘法估计值,是从满足使 $\sum \varepsilon_i^2 =$ 极小求出的估计值,即下式成立:

$$\frac{\partial \sum \varepsilon_i^2}{\partial \vec{a}} = 0 \qquad \frac{\partial \sum \varepsilon_i^2}{\partial \vec{b}} = 0$$

计算即为

$$-2 \sum [y_i - (\hat{a} + \hat{b}x_i)] = 0$$

$$-2 \sum [y_i - (\hat{a} + \hat{b}x_i)] x_i = 0$$

联合二式解出拟合直线的 a, b

$$\hat{a} = \frac{\sum y_i}{n} - \frac{\hat{b} \sum x_i}{n}$$

$$\hat{b} = \frac{n \sum x_i y_i - \sum x_i \sum y_i}{n \sum x_i^2 - (\sum x_i)^2}$$

关联系数 r 的估计值为

$$\hat{r} = \frac{\sum (x_i - \overline{x})(y_i - \overline{y})}{\sqrt{\sum (x_i - \overline{x})^2 \sum (y_i - \overline{y})^2}}$$

r 表示各数据点靠近拟合直线的程度,r 值应在 -1 到 $+1$ 之间,$|r|$ 越接近 1,各数据点就越接近拟合直线,又令

$$s_{xx} \equiv \sum x_i^2 - \frac{(\sum x_i)^2}{n}$$

$$s_{yy} \equiv \sum y_i^2 - \frac{(\sum y_i)^2}{n}$$

$$s_{xy} \equiv \sum x_i y_i - \frac{\sum x_i \sum y_i}{n}$$

则

$$\hat{b} = \frac{s_{xy}}{s_{xx}}$$

$$\hat{a} = \overline{y} - \hat{b}\overline{x}$$

$$\hat{r} = \frac{s_{xy}}{\sqrt{s_{xx} \cdot s_{yy}}}$$

可证明 a, b 的标准偏差为

$$s_b = \frac{b}{r}\sqrt{\frac{1-r^2}{n-2}}$$

$$s_a = s_b \sqrt{\frac{\sum x_i^2}{n}}$$

例如,用表 1.2 所列数据,分别用上述方法,求 a, b 值.

表 1.2　　直线拟合示例数据

次数	1	2	3	4	5	6	7	8
x	5.65	6.08	6.40	6.75	7.12	7.48	7.83	8.18
y	16.9	18.2	20.1	21.0	22.3	24.1	25.3	27.0

(1) 使用图解法. 在直线两端选坐标点 $(5.46, 16.0)$、$(8.24, 27.0)$,如图 1.4 所示,则

$$\hat{b} = \frac{27.0 - 16.0}{8.24 - 5.46} = 3.96$$

$$\hat{a} = 27.0 - 3.96 \times 8.24 = -5.63$$

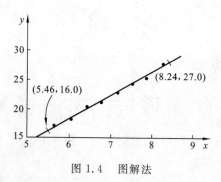

图 1.4　　图解法

(2) 使用分组计算法.将数据分为前后 4 组,分别取对应的两组计算 4 个 a, b 值:

a	-3.86	-7.42	-3.17	-7.32
b	3.67	4.21	3.64	4.20

结果

$$a = -5.6 \pm 1.1 \qquad b = 3.93 \pm 0.16$$

(3) 使用分组求差法:

	$\sum x_i$	$\sum y_i$	$\dfrac{\sum\limits_{i=1}^{8} y_i}{8}$	$\dfrac{\sum\limits_{i=1}^{8} x_i}{8}$
1—4	24.88	76.2	21.862	6.936
5—8	30.61	98.7		

结果

$$b = \frac{\sum y_i(2) - \sum y_i(1)}{\sum x_i(2) - \sum x_i(1)} = 3.93 \qquad a = \overline{y} - b\overline{x} = -5.39$$

（4）使用最小二乘法：

$\sum x_i$	$\sum x_i^2$	$\sum y_i$	$\sum y_i^2$	$\sum x_i y_i$
55.49	390.277 5	174.9	3 909.05	1 234.534

$$s_{xx} = 5.385 \qquad s_{yy} = 85.299 \qquad s_{xy} = 21.384$$

$$\hat{a} = -5.7 \pm 0.8 \qquad \hat{b} = 3.97 \pm 0.11 \qquad r = 0.9977$$

以上几种计算方法所得的 a,b 值稍有不同,较普遍采用的是最小二乘法. 要提高的测量 a,b 精确度,关键是测量本身,在仪器的精度一定的情况下,可以通过适当增加测量次数 n 和扩大 x 的范围.

习　题　五

1. 测得水在一定温度 $t(℃)$ 时的表面张力系数 $y(\text{N/m})$ 之值为

$t/℃$	10.0	20.0	30.0	40.0	50.0	70.0
$y/(10^{-3}\ \text{N/m})$	74.22	72.75	71.18	69.56	67.91	64.40

绘制 y-t 图线,并求出 $t = 26.7\ ℃$ 时的 y 值.

2. 测得一凸透镜的物距 p 和像距 p' 的数据为

p/cm	-130.0	-110.0	-90.0	-70.0	-50.0	-45.0	-40.0	-35.0	-32.0
p'/cm	31.0	32.5	35.0	39.1	49.5	56.2	66.5	88.5	115.0

绘制 p-p' 图线,求出透镜焦距之值.

3. 测出一运动系统在拉力 F 作用下的加速度 a,其数据如下:

F/N	0.050 0	0.070 0	0.090 0	0.110 0	0.130 0	0.150 0	0.170 0
$a/(\text{m/s}^2)$	0.131	0.189	0.245	0.316	0.380	0.457	0.514

试绘制 $F\text{-}a$ 图线,并利用图线求出运动系统的质量 m 及阻力 $F_{阻}$(假设阻力 $F_{阻}$ 为定值),取 $g = 9.80\ \mathrm{m/s^2}$.

4. 并排挂起一弹簧和米尺,测出弹簧下的负载 m 和弹簧下端在米尺上读数 x 如下:

m/g	5.00	10.00	15.00	20.00	25.00	30.00	35.00	40.00
x/cm	20.1	23.6	26.9	30.1	33.2	36.5	39.9	43.8

试用分组求差法,计算出 $m = 0$ 的读数 x_0 及弹簧的劲度系数 k.

5. 测得一白炽电灯的电压 U 和电流 I 的数据如下:

U/V	2	4	8	16	25	32	50
$I/(10^{-3}\mathrm{A})$	25	37	57	86	113	130	172
U/V	64	100	125	150	180	200	218
$I/(10^{-3}\mathrm{A})$	200	261	297	329	364	387	408

试作 $I\text{-}U$ 图线和 $\lg(I/A) - \lg(U/V)$ 图线(直线),并根据图线确定出 $I = f(U)$ 的函数式.

6. 金属丝长度与温度关系为

$$L = L_0(1 + \alpha t)$$

式中,α 为线膨胀系数. 测量数据如下:

$t/℃$	10.0	15.0	20.0	25.0	30.0	35.0	40.0	45.0
L/mm	1003	1005	1008	1010	1014	1016	1018	1021

试用逐差法、作图法和线性回归法求出 α 值,并分析其不确定度.

7. 在第30届国际物理奥林匹克竞赛(1999年,意大利)中,实验研究物理摆质量分布与摆动周期的关系. 物理摆由一个套管(质量为 m_1)和插入其内并可移动的金属杆(质量 m_2)组成. 已知公式为

$$\frac{k^2}{4\pi^2}T^2(x) - m_2 x^2 = -m_2 + \left[I_1 + \frac{m_2}{3}l^2\right]$$

式中,自变量 x 为距离;因变量 T 为周期;m_2 为已知质量;k 为常数. 改变 x,得到一系列 T 值. 根据以上表达式,如何求出 l 和 I_1 的值?(提示:考虑曲线改直或应用幂函数最小二乘法拟合.)

2 物理实验的基本测量方法

一切描述物质状态和运动的物理量都可以从几个基本的物理量中导出,而这些基本物理量的定量描述只有通过测量才能得到. 将待测物的物理量直接或间接地与作为基准的同类物理量进行比较,得到比值的过程,称为测量. 测量的方法和精确度随着科学技术的发展而不断地丰富和提高. 例如对时间的测量,远古时代,人们"日出而作,日落而息",原始的计时单位是"日",人们利用太阳东升西落,周而复始,循环出现的天然时间变化周期,逐渐产生了"日"的概念,人们从月亮圆缺产生了"月"的概念,当人们知道太阳是一颗恒星时,地球绕着太阳的运动周期便成了计量时间的科学标准. 人类曾发明了日晷、滴露和各种各样的计时器来测量较短的时间间隔. 随着物理学的发展,人们把单摆吊在时钟上,做出了摆钟,提高计时精度约 3 个数量级;随后人们用石英晶体振荡牵引时钟钟面,做出了石英钟,将计时精度提高了 6 个数量级;做成了世界上第一架铯原子钟(量子频标),测时精度达到 10^{-9} s,到 1975 年铯原子的测量精度已达到 10^{-13} s,还有氢原子和铷原子钟等.

由此可见测量的精度与不同时代的测量方法和手段有关,同一种物理量,在量值的不同范围,测量方法不同,即使在同一范围,精度要求不同也可以有多种测量方法,选用何种方法要看待测物理量在那个范围和我们对测量精度的要求. 本章只是将我们在物理实验中常用的几种最基本测量方法作概括性的介绍.

2.1 比较法

比较法是最基本和最重要的测量方法之一,因为所谓的测量,就是把待测物的物理量直接或间接地与作为基准(或标准单位)的同类物理量进行比较,得到比值的过程,比较法可分为直接比较和间接比较.

2.1.1 直接比较测量法

直接比较测量法是把待测物理量 X 与已知同类物理量或标准量 S 直接比较,这种比较通常要借助仪器或标准量具.

2.1.2 间接比较测量法

当一些物理量难用直接比价法测量时,可以利用物理量之间的函数关系将待测物理

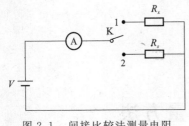

图 2.1　间接比较法测量电阻

量与同类标准量进行间接比较测量出. 图 2.1 给出了一个利用均衡法间接比较测量电阻的示意图,将一个可调节的标准电阻与待测电阻联接,保持稳压电源的输出电压 V 不变,调节标准电阻 R_x 的阻值,使开关 K 在"1"和"2"两个位置时,电流指示值不变,则 $R_x = R_s = \dfrac{V}{I}$.

2.2　积累与放大法

把实验中测量的微小物理量或把待测物的物理量进行选择,积累或放大有用的部分,相对压低不需要的部分,提高测量的分辨率和灵敏度的方法.

2.2.1　累积放大法

受测量仪器的精度的限制,或存在很大的本底噪音或受人的反应时间的限制,单次测量的误差很大或无法测量出待测的有用信息,采用累积放大法来进行测量,就可以减少测量误差、降低本底噪音和获得有用的信息,例如最简单的单摆实验的周期测量,假定单摆周期 T 为 $1.50\,\text{s}$,人开启和关闭秒表的平均反应时间为 $\Delta T = 0.2\,\text{s}$,则单次测量周期的相对误差为 $\dfrac{\Delta T}{T} = 30\%$. 若我们测量 50 个周期,则将由人开启和关闭秒表的平均时间引起的误差降低到 $\dfrac{\Delta T}{50T} = 0.6\%$.

再如激光器,为了获得高度集束光,采用一对平行度很高的半透半反射膜,使光在两半透半反射膜之间反射,光强不断增强,如图 2.2 所示.

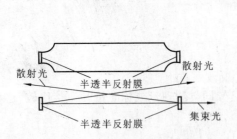

图 2.2　激光器半透半反射膜选择放大示意图

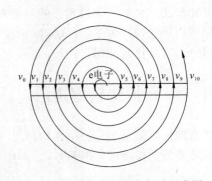

图 2.3　回旋加速器累积加速示意图

回旋加速器,也是利用了累积放大的原理,电子每通过加速器半圆的出口进行一次加速,使电子的能量不断增加,如图 2.3 所示.

2.2.2　机械放大法

机械放大是最直观的一种放大方法,例如利用游标可以提高测量的细分程度,原来分度值为 y 的主尺,加上一个 n 等分的游标后,组成的游标尺的分度值 $\Delta y = \dfrac{y}{n}$,即对 y 细分了 n 倍,这对直游标和角游标都是适用的.

螺旋测微原理也是一种机械放大,将螺距通过螺母上的圆周来进行放大,放大率 $\beta = \dfrac{\pi D}{d}$,其中 d 是螺距,D 是螺母连接在一起的微分套微的直径.

机械杠杆可以把力和位移放大或细分,例如各种不等臂的杠杆.

滑轮亦可以把力和位移细分,例如机械连动杆或丝杆,连动滑轮或齿轮等.

2.2.3　电信号的放大与信噪比的提高

电信号的放大可以是电压放大、电流放大、功率放大,电信号亦可以是交流的或直流的.

例如,三极管是在任何电子电路中都可以遇到的常用元件,因为栅极 E_g 的微小变化都会产生板极电流 I_p 的很大变化,所以三极管常用作放大器,现在各种新型的高集成度的运算放大器不断涌现,把弱电信号放大几个至几十个数量级已不再是难事.

2.2.4　光学放大法

光学放大的仪器有放大镜、显微镜和望远镜.这类仪器只是在观察中放大视角,并不是实际尺寸的变化,所以并不增加误差,因而许多精密仪器都是在最后的读数装置上加一个视角放大装置以提高测量的精度.

微小变化量的放大原理常用于检流计、光杠杆等装置中,光杠杆镜尺法就是通过光学放大来测量物理量(微小长度变化).

2.3　转换测量法

转换测量法简称换测法,是根据物理量间的各种关系、物理现象及规律中存在的各种效应,运用变换原理进行测量的方法.由于物理量间的关系多种多样,各种物理效应也有很丰富的内涵,所以有各种不同的换测法,这正是物理实验中最具启发性的一面.随着科学技术的发展,一方面,物理实验的方法渗透到各学科领域;另一方面,物理实验本身也在不断向高精度、宽量程、快速测量、遥感测量和自动化测量发展,而这一切都与转换测量法密切有关.转换测量法大致可分为参量换测法和能量换测法两大类.

2.3.1　参量换测法

参量换测法是运用一定的参量变化关系或者变化规律,将测量某些难以直接测量或者难以准确测量的物理量,转换成测量另外一些易于准确测量的物理量. 这种方法在物理实验中应用得非常广泛. 例如,实验中测量钢丝的杨氏模量 E,是以应变与应力成线性变化的规律,将 E 的测量转换成对应力 $\dfrac{F}{S}$ 和应变 $\dfrac{\Delta L}{L}$ 的测量后得到 $E = \dfrac{F/S}{\Delta L/L}$;密度测量实验中将不规则固体体积的测量转换为质量的测量;分光计实验中将棱镜折射率的测量转换为最小偏向角的测量. 类似的例子还可举出很多.

2.3.2　能量换测法

能量换测法是利用物理学中的能量守恒定律以及能量形式上的相互转换规律进行转换测量的方法;而这种能将一种能量形式转换为另一种能量形式的器件称为传感器,所以能量换测技术就是传感器技术.

2.3.3　热电换测

将热学量转换成电学量测量. 例如,利用温差电动势原理将温度的测量转换成热电偶的温差电动势的测量,或利用热敏电阻的温度特性将温度的测量转换成金属电阻的测量.

2.3.4　压电换测

这是一种压力和电势间的变换,属于力电换测技术的范畴. 话筒和扬声器就是我们所熟知的换能器;话筒把声波的压力变化转换为相应的电压变化,而扬声器则进行相反的转换.

2.3.5　光电换测

这是一种将光通量变换为电量的换能器,其理论依据即是光电效应. 光敏二极管、光电效应实验中所用的光电管等,都是具体运用的例子. 事实上,各种光电转换器件在测量和控制系统中已获得相当广泛的应用.

2.3.6　磁电换测

这是利用半导体霍尔效应进行磁学量与电学量的换测. 不难看出,以上几种能量换测法基本上可归结为"非电量电测法"范畴,即将位移、压力、温度、流量、光强、功率等非电学量转换成相应的电学量再实施测量. 电学量具有控制方便、灵敏度高、反应速度快、能进行动态测量和自动记录等优越性,因此成为技术上的研究热点并广泛应用于诸多领域.

2.4　模拟法

模拟法是以相似性原理为基础,从模型实验开始发展起来的,研究物质或事物物理属性或变化规律的实验方法,在探求物质的运动规律和自然奥妙或解决工程技术或军事问题时,常常会遇到一些特殊的、难以对研究对象进行直接测量的情况,例如,被研究的对象非常庞大或非常微小(巨大的原子能反应堆、同步辐射加速器、航天飞机、宇宙飞船、物质的微观结构、原子和分子的运动 ……),非常危险(地震、火山爆发、发射原子弹或氢弹 ……),或者是研究对象变化非常缓慢(天体的演变、地球的进化、长半衰期原子核的衰败 ……),根据相似性原理,可人为地制造一个类似于被研究的对象或运动过程的模型来进行实验.

物理模拟可以分为几何模拟、动力相似模拟、替代或类比模拟(包括电路模拟) 三类.

2.4.1　几何模拟

几何模拟是将实物按比例放大或缩小,对其物理性能及功能进行试验. 如流体力学实验室常采用水泥造出河流的落差、弯道、河床的形状,还有一些不同形状的挡水状物,用来模拟河水流向、泥沙的沉积、沙洲、水坝对河流运动的影响,或用"沙堆"研究泥石的变化规律.

2.4.2　动力相似模拟

物理系统常常是不具有标度不变性的. 即一般来说,几何上的相似性并不等于物理上的相似. 例如 1943 年美国波音飞机公司用于试验的模型飞机,其外表根本就不像一架飞机,然而风速对它翼部的压力却与风速对原型机翼的压力相似.

2.4.3　替代或类比模拟

利用物质材料的相似性或类比性进行实验模拟,例如在模拟静电场的实验中,就是用电流场模拟静电场的实例. 又如,可以用超声波代替地震波,用岩石、塑料、有机玻璃等做成各种模型,来进行地震模拟实验.

3　基本物理量的测量

国际单位制的基本单位有 7 个,分别是长度、质量、时间、电流、热力学温度、物质的量和发光强度,另外还有平面角和立体角两个辅助物理量.其他物理量均由它们导出.物理实验离不开测量,基本物理量的测量非常重要,其他物理量的测量可以由某一函数关系计算得出.本章介绍 7 个基本量的定义和测量.

3.1　长度

长度是构成空间的基本要素,是一切生命和物质赖以生存的基础.在 SI 单位制中,长度的基准是米,一旦定义了米的长度,其他长度单位就可以用米(m)来表示.1983 年第 17 届国际计量大会正式通过米的新定义:米是光在真空中 $\dfrac{1}{299792458}$ s 时间间隔内所经路径的长度.

长度测量就是人们用"尺子"去度量空间,早期的量具和测量仪都是机械式的,目前人造卫星激光测距仪量程可达 10^8 m 以上,精确度可达 1 cm;电子显微镜和扫描隧道显微镜等的分辨率在 $100 \sim 10^{-1}$ nm,可测量原子、分子的几何尺寸.下面主要介绍物理实验教学中几种常用的长度测量仪器.

3.1.1　游标卡尺

用米尺测量物体的长度时,虽然可以测到 $\dfrac{1}{10}$ mm,但是最后一位是估计的.在实际长度测量中,常需要将被测的长度,测准到 $\dfrac{1}{10}$ mm 乃至 $\dfrac{1}{100}$ mm,这不是单纯用米尺能做到的.为了提高长度测量的精密度,设计制造了多种装置,游标尺是其中常见的一种,游标尺由主尺和游标两部分组成.

图 3.1 所示为使用测量精密到 $\dfrac{1}{10}$ 分格的游标(称为 10 分游标)的原理图.游标 V 是可沿主尺 AB 滑动的一段小尺,其上只有 10 分格,是将主尺的 9 个分格 10 等分而成的,因此游标上的一个分格的间隔等于主尺一分格的 $\dfrac{9}{10}$.使用 10 分游标测量时,将物体 AB 的 A 端和主尺的零线对齐,若另一端 B 在主尺的第 7 和第 8 分格之间,即物体的长度稍大于 7

个主尺格,设物体的长度比 7 个主尺长 Δl 测准到主尺一分格的 $\frac{1}{10}$,如图 3.2 所示.

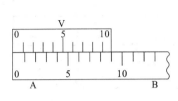

图 3.1 10 分游标原理

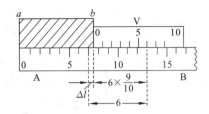

图 3.2 10 分游标尺读数

将游标的零线和物体的末端 B 相接,查出与主尺刻线对齐的是游标上的第 6 条线,则

$$\Delta l = \left(6 - 6 \times \frac{9}{10}\right) 主尺格 = 6\left(1 - \frac{9}{10}\right) 主尺格$$

$$= 6 \times \frac{1}{10} 主尺 = 0.6 主尺格$$

即物体长度等于 7.6 主尺格,(如果主尺每分格为 1 mm 则被物体长度为 7.6 mm) 从图上可以看出,游标尺是利用主尺和游标上每一分格之差,使读数进一步精确,此种读数方法称为差示法,在测量中有普遍意义.

参照上例可知,使用游标尺测量时,读数分为两步:① 从游标零线的位置读出主尺的整格数;② 根据游标上与主尺对齐的刻线读出不足一分格的小数,二者相加就是测量值.

一般说来,游标是将主尺的 $(n-1)$ 个分格,分成为 n 等分(称为 n 分游标). 如主尺的一分格宽为 x,则游标一分格宽为 $\frac{n-1}{n}x$,二者的差

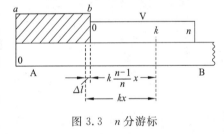

图 3.3 n 分游标

$\Delta x = \frac{x}{n}$ 是游标尺的分度值. 图 3.3 表示,使用 n 分游标测量时,如果是游标的 k 条线与主尺某一

刻线对齐,则所求的 $\Delta l = kx - k\frac{n-1}{n}x = k\frac{x}{n}$ 即 Δl 等于游标尺的分度值 $\frac{x}{n}$ 乘 k. 所以使用游标尺时,先要明确其分度值.

游标尺读数的精密程度,取决于其分度值 $\frac{x}{n}$. 为了提高测量的精密度,就要求制造 n 较大的游标,但 n 过大时,主尺一分格和游标一分格之差就很小,这在实际测量时,将出现游标上有几条线都似乎和主尺的刻线对齐,因此难于确定 k 值,使读数发生困难. 一般实用的游标有 n 等于 10,20 和 50 三种,其分度值即精密度分别为 0.1 mm,0.05 mm 和 0.02 mm.

游标卡尺(有卡钳的游标尺) 如图 3.4 所示,用它可测量物体的长度和内、外直径. 测长度或外径时,将物体卡在外量爪之间,测内径时使用内量爪. 不测量时,将量爪闭合,游标的零线就和主尺的零线结齐.

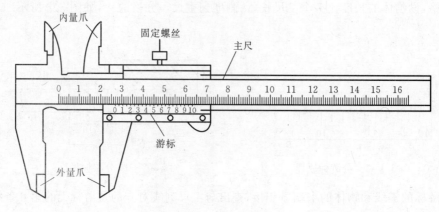

图 3.4　游标卡尺

实用的 20 分游标卡尺,为了观测方便,常将主尺的 39 mm 等分为游标的 20 格,即游标 1 格为 1.95 mm,它的精密度仍为 0.05 mm.游标上的标值是格数的 2 倍,如第 8 条刻线则标值为 4,它由 $8 \times 0.05 = 0.4$ 而来,即标值 4 的线对齐为 0.40 mm,标值 5 的线对齐为 0.50 mm,4 和 5 之间的线结齐就是 0.45 mm,这样标值的游标,可以直接读出测量值,使用起来很方便.

3.1.2　螺旋测微计

螺旋每转一周将前进(或后退)一个螺距,对于螺距为 x 的螺旋,如果转 $\frac{1}{n}$ 周,螺旋将移动 $\frac{x}{n}$.设一螺旋的螺距为 0.5 mm,当它转动 $\frac{1}{50}$ 圆周时,螺旋将移动 $\frac{0.5}{50}$ mm $= 0.01$ mm,如果转动 3 圈又 $\frac{24}{50}$ 圆周时,螺旋就移动 3×0.5 mm $+ \frac{24}{50} \times 0.5$ mm $= 1.5$ mm $+ 0.24$ mm $= 1.74$ mm.因此借助螺旋的转动,将螺旋的角位移转变为直线位移可进行长度的精密测量.这样的测微螺旋广泛应用于精密测量长度的工作中.

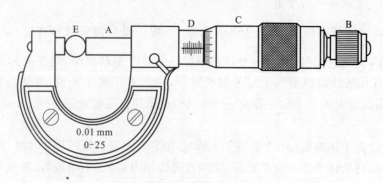

图 3.5　螺旋测微计

螺旋测微计如图 3.5 所示,实验室中常用的螺旋测微计的量程为 25 mm,仪器精密度是 0.01 mm,即千分之一厘米,所以又称为千分尺,图中 A 为测杆,它的一部分加工成螺距为 0.5 mm 的螺纹,当它在固定套管 D 的螺套中转动时,将前进或后退,活动套管 C 和螺杆 A 连成一体,其周边等分为 50 个分格.螺杆转动的整圈数由固定套管上间隔 0.5 mm 的刻线去测量,不足一圈的部分由活动套管周边的刻线去测量.所以用螺旋测微计测量长度时,读数也分为两步:① 从活动套管的前沿在固定套管上的位置,读出整圈数;② 从固定套管上的横线所对活动套管上的分格数,读出不到一圈的小数,二者相加就是测量值.

使用螺旋测微计测量时,要注意防止读错整圈数,图 3.6 所示的三例,(b) 比(a) 多一圈,读数相差 0.5 mm,(c) 的整圈数是 3 而不是 4,读数为 1.978 mm 而不是 2.478 mm.

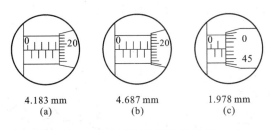

4.183 mm   4.687 mm   1.978 mm
(a)   (b)   (c)

图 3.6 螺旋测微计读数示例

螺旋测微计的尾端有一棘轮装置 B,拧动 B 可使测杆移动,当测杆与被测物(或砧台 E)相接后的压力达到某一数值时,棘轮将滑动并有咔、咔的响声,活动套管不再转动,测杆也停止前进,这时就可读数.设置棘轮可保证每次的测量条件(对被测物的压力)一定,并能保护螺旋测微计的精密的螺纹.不使用棘轮而直接转动活动套筒去卡住物体时,由于对被测物的压力不稳定,而测不准.另外,如果不使用棘轮,测杆上的螺纹将发生变形和增加磨损,降低了仪器的准确度,这是使用螺旋测微计必须注意的问题.

不夹被测物而使测杆和砧台相接时,活动套管上的零线应当刚好和固定套管上的横线对齐.实际使用的螺旋测微计,由于调整得不充分或使用得不当,其初始状态多少和上述要求不符,即有一个不等于零的零点读数.图 3.7 表示两个零点读数的例子,要注意它们的符号不同.每次测量之后,要从测量值的平均值中减去零点读数.

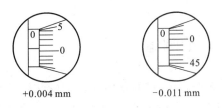

+0.004 mm   -0.011 mm

图 3.7 零点读数示例

3.1.3　移测显微镜

　　移测显微镜是将测微螺旋和显微镜组合起来作精确测量长度用的仪器,如图 3.8 所示.它的测微螺旋的螺距为 1 mm,和螺旋测微计的活动套管对应的部分是转鼓 A,它的周边等分为 100 个分格,每转一分格显微镜将移动 0.01 mm,它的量程一般是 50 mm.此仪器所附的显微镜的 B 是低倍的(20 倍左右),它由目镜、叉丝(靠近目镜)和物镜三部分组成.用此仪器进行测量的步骤是:① 伸缩目镜 C,看清叉丝;② 转动旋钮 D,由下向上移动显微镜筒,改变物镜到目的物间的距离,看清目的物;③ 转动转鼓 A,移动显微镜,使叉丝的交点和测量的目标对准;④ 读数,从指标 E_1 和标尺 F 读出毫米的整数部分,从指标 E_2 和转鼓 A 读出毫米以下的小数部分;⑤ 转动转鼓,移动显微镜,使叉丝和目的上的第二个目标对准并读数,两读数之差即为所测两点间的距离.

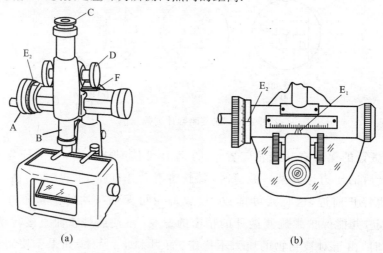

(a)　　　　　　　　　　　　　　　(b)

图 3.8　移测显微镜

　　用移测显微镜时要注意:① 使显微镜的移动方向和被测两点间连线平行;② 防止回程误差,移动显微镜使其从相反方向对准同一目标的两次读数,似乎应当相同,实际上由于螺丝和螺套不可能完全密接,螺旋转动方向改变时,它们的接触状态也将改变,两次读数将不同,由此产生的测量误差称为回程误差.为了防止回程误差,在测量时应向同一方向转动转鼓使叉丝和各目标对准,当移动叉丝超过了目标时,就要多退回一些,重新再向同一方向转动转鼓去对准目标.

3.1.4　微小长度变化的测量

　　物体受拉力会伸长,受热要膨胀,这时物体长度的变化往往很微小,例如长 1.5 m 直径 0.001 m 的铜线,将其上端固定,下端挂上 5 kg 砝码时,其长度将增加 7.26×10^{-4} m,即 0.726 mm.测量这样微小长度变化的方法很多,在此作一些简要的介绍.

3.1.4.1　使用移测显微镜测量

如图 3.9 所示,将移测显微镜安装成镜筒可以上下平
行移动的形式,伸缩镜筒聚焦一目标 A,当 A 点向下或向
上移动时,可转动螺旋,移动显微镜,跟踪 A 点,并测出 A
点的移动距离.

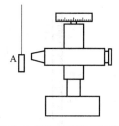

图 3.9　移测显微镜测量

3.1.4.2　使用光杠杆和尺度望远镜测量

在一平板 P 下面固定三个尖足 a,b,c,在平板上面,在二后足尖方向安置一平面镜 M,
这样就组成一光杠杆,如图 3.10 所示.

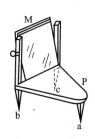

图 3.10　光杠杆

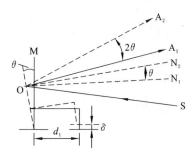

图 3.11　光杠杆光路

当有一光线 SO 射到反射镜 M 上,ON₁ 为其法线,则反射光线为 OA₁ 如图 3.11 所示,
如果这时前足尖 a 被抬高 δ,光杠杆将以足尖 bc 联线为轴转动 θ 角,当此角较小时,则下式
成立:

$$\theta \approx \frac{\delta}{d_1} \tag{3.1}$$

式中,d_1 为足尖 a 到 bc 联线的垂直距离. 此时法线 ON₁ 转到 ON₂ 方向,反射光线 OA₂,反
射光线的偏转角为 2θ,它是光杠杆偏转角的二倍,此即光杠杆名称的由来.

光线偏转角 2θ 的测量,通常使用尺度望远镜. 尺度望远镜如图 3.12 所示,由一望远镜
T 和一直尺 S 组成.

测量时,将尺度望远镜置于光杠杆正前方约 $1.5 \sim 2\,\mathrm{m}$ 远处. 直尺在铅直方向,仪器
调好后,可从望远镜中看到经反射直尺 S 的像,如图 3.13,反射镜在 M₁ 位置时,直尺上刻
度 A₁ 和望远镜中的水平丝相重,反射镜转到 M₂ 时,刻度 A₂ 和水平丝相重. 当 2θ 较小时,
下式成立:

$$2\theta \approx \frac{|A_2 - A_1|}{d_2} \tag{3.2}$$

式中,d_2 为直尺到反射镜 M 的距离. 综合式(3.1)和(3.2)得出

$$\delta = \frac{d_1 \cdot |A_2 - A_1|}{2d_2} \tag{3.3}$$

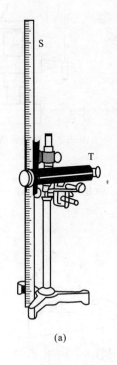

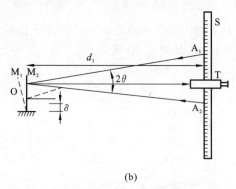

图 3.12　尺度望远镜

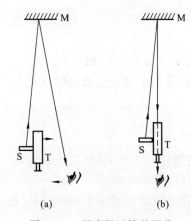

(a)　　　　　　(b)

图 3.13　尺度望远镜的调节

利用光杠杆测量微小长度变化量 δ 就是根据此式进行的. 从式(3.3)中可以看到,测量的精细程度由 d_1,d_2 的大小以及从尺上读数(A_1,A_2)的粗细决定,设 $d_1 = 3.000$ cm,$d_2 = 150.00$ cm,$A_2 - A_1 = 0.01$ cm,则

$$\delta = \frac{3.000 \times 0.01}{2 \times 150.00} \text{ cm} = 0.0001 \text{ cm} = 0.001 \text{ mm}$$

若制成 $d_1 = 1$ cm 的光杠杆,可以测出 0.000 3 mm 的变化,但是必须注意,测量时的 θ 及 2θ 都比较小才可以.

光杠杆及尺度望远镜的调节:

(1) 安置光杠杆使其三足尖大体上在同一水平面上;

(2) 在光杠杆前方 1.5～2.0 m 远处,放置尺度望远镜,使直尺竖直,望远镜指向反射镜 M;

(3) 伸缩望远镜目镜看清十字丝(十字丝在镜筒中目镜前方),使光杠杆反射镜直立,使其法线大体指向望远镜;

(4) 使光杠杆反射镜直立,使其法线大体指向望远镜;

(5) 如图 3.13(a),在望远镜外侧观察 M 镜,改变眼睛位置,看到镜中出现尺的像;

(6) 在保持眼睛始终看见 M 镜中有 S 尺像的条件下,移动尺度望远镜和眼睛,将望远镜移动到视线方向,如图 3.13(b)所示;

（7）调望远镜聚集，通过望远镜看见直尺的像（有时还要稍许调整望远镜的方向）；

（8）细调聚集使 S 尺刻度的像和望远镜中水平丝的像无视差（上下稍许移动眼睛，刻度线与水平丝之间不出现相对移动就是无视差）.

在上述几点中，(5)(6) 两步骤是关键，如果明确其意义，细心去调，很快就可调好，有些学生一开始就想通过望远镜去找像，结果费时很多，还可能找不到.

3.2　时间

时间与空间是物质存在的基本形式，人类的一切活动都离不开时间和空间. 时间测量的基准经历了世界时、历书时，现已进入原子时. 在国际单位制(SI) 中，时间的单位是秒(s). 1967 年 10 月举行的第 13 届国际计量大会，通过了国际单位制中的秒的新定义：秒是铯-133 原子基态的两个超精细能级间跃迁所对应辐射的 9 192 631 770 个周期的持续时间. 目前我们认识的实际时间过程的最短时间是粒子的寿命，最长是宇宙的年龄，时间的范围是 10^{-25} s 至 4.2×10^7 s.

3.2.1　停表

停表（秒表）是测量时间间隔的常用仪表，表盘上有一长的秒针和一短的分针，如图 3.14 所示，秒针转一周，分针转一格. 停表的分度值有几种，常用的有 0.2 s 和 0.1 s 两种. 停表上端的按钮是用来旋紧发条和控制表针转动的. 使用停表时，用手握紧停表，大拇指按在按钮上，稍用力即可将其按下. 按停表分三步：第一次按下时，表针开始转动；第二次按就停止转动；第三次按下表针就弹回零点（回表）.

使用停表时的注意事项：

（1）使用前先上紧发条，但不要过紧，以免损坏发条；

（2）按表时不要用力过猛，以防损坏机件；

（3）回表后，如秒针不指零，应记下其数值（零点读数），实验后从测量值中将其减去（注意符号）；

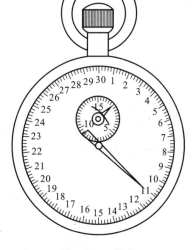

图 3.14　停表

（4）要特别注意防止摔碰停表，不使用时一定将表放在实验台中央的盒中.

3.2.2　电子计时器

实验室常用的电子秒表和数字毫秒计都是电子计时装置，它们的基本原理是相同的.

3.2.2.1 数字毫秒计

机械停表计时是以摆轮的扭动周期为标准,电子计时器的计时是以石英晶片控制的振荡电路的频率为准. 常用的数字毫秒计的基准频率为 100 kHz,经分频后可得 10 kHz,1 kHz 和 0.1 kHz 的时标信号,信号脉冲的时间间隔分别为 0.1 ms,1 ms 和 10 ms. 数字秒计上的时间选择挡,就是对这几种信号的选择. 如选用 1 ms 挡,而在控制时间内有 1 893 个 1 ms 时标信号进入计数电路,则显示为 1.893,即 1.893 s.

信号源可以连续输出等间隔的电脉冲信号,但是它不一定能进入计数电路,如图3.15 所示,信号源与计数电路之间有一门控电路,它的"开"或"关"可以使脉冲信号"通过"或"中断",因而进入计数电路脉冲的个数,等于门控电路从"开"到"关"这段时间内信号源发出脉冲的个数. 即仪器显示时间等于从"开"到"关"的时间.

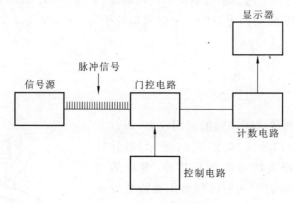

图 3.15　数字毫秒计原理

对门控电路"开"和"关"的控制有两种方式:

(1) 机控. 用机械开关发出控制信号,将面板上换挡开关,从光控挡拨到机控挡,将机械开关的两端插入"机控"插孔,如图 3.16 所示,开关 K 闭合时开始计时,K 断开时停止计时.

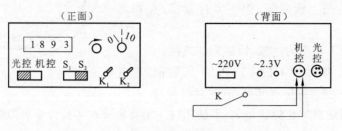

图 3.16　机控

(2) 光控. 用光电管控制,将换挡开关从机控拨到光控,将光电门(两个)的光电管插头插入"光控"插孔,照明灯的插头插入低压输出插孔(~ 2.3 V)."光电门"由一个光电管 P 和一个聚光灯 L 组成,当光电管受光照时,电阻下降到 0,电路导通,如光照受阻,则光电管电阻极大,电路近似断开,因而"光电门"相当于一个开关,如图 3.17 所示.

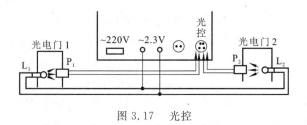

图 3.17　光控

光控又分 S_1 和 S_2 两个挡,S_1 挡可测任一光电门的挡当时间长度,S_2 挡可测两次挡光(一个光电门挡两次,或二光电门各挡一次)之间的时间间隔.

如果实验只用一个光电门,可将另一个去掉,但是联接光电源管的二导线要短接.

接上光电门后,数字毫秒计不能正常工作时,问题可能是光照不良、光电管极性反、导线故障、毫秒计内部故障、光电管老化等,可逐项检查.

用数字毫秒计,测完一个数值后,要将显示器置零可测下一个数;否则两次数要累加在一起,面板上的 K_2 是手动置零,"延时调节"是自动置零时控制显示时间长度的.

国内有许多厂家生产数字毫秒计,其面板形式和功能互有差异,这里介绍的只是基本形式和功能.

3.2.2.2　电子秒表

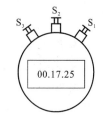

图 3.18　电子秒表

电子秒表和数字毫秒计的原理相同,但它只用手动按钮,共有三个按钮,S_1 为秒表按钮,按一次 S_1 开始计时,再按一次则停止计时,显示的是时间间隔,如图 3.18 所示为 0 min17.25 s. S_2 为功能转换按钮. S_3 为置零按钮.

另外还有用示波器测量时间等方法.

3.3　质量

如同如何物质离不开时空一样,脱离质量也无法描述物质的运动及其规律. 在 SI 制中,质量的基准单位是千克(kg). 1889 年第一届国际计量大会决定,用铂铱合金(Pt0.9Ir0.1)制成直径为 39 mm 的正圆柱形国际千克原器,现保存在法国巴黎的国际计量局内,其他一切物体的质量均可通过与国际千克原器的质量进行比较而确定. 目前人们认识到的物体质量范围是:光子的静止质量为零,中微子的质量不超过 10 电子伏特,最大的是宇宙的质量为 10^{53} kg.

3.3.1　天平

天平是实验室称衡物体质量用的仪器. 多数天平是一种等臂杠杆,在天平梁上对称

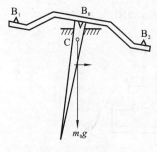

图 3.19　天平梁

地在同一平面上排列三个刀口 B_1, B_0, B_2, 梁(包括指针)的质心 C 在中央刀口的稍下方, 当天平偏向某一方时, 则作用在梁的质心处的梁的重力 $m_0 g$, 将产生向相反方向的恢复力矩, 使天平出现左右摆动, 如图 3.19 所示.

表示天平性能的指标中, 最大载量和灵敏度是主要的. 最大载量由梁的结构和材料决定, 天平灵敏度则由臂长($\overline{B_1 B_0}$, $\overline{B_2 B_0}$)、指针长度、梁的质量 m_0 和质心到中央刀口 B_0 的距离决定, 计量仪器的灵敏度是该仪器对被测的量的反应能力. 灵敏度 S 用被观测变量的增量与其相应的被测量的增量之比去表示, 对于天平, 被观测变量为指针在标尺上的位置, 被测量为质量, 当天平一侧增加一小质量 Δm 时, 指针向另一侧偏转 n 个格(div), 则天平灵敏度

$$S = \frac{n}{\Delta m}$$

式中, 单位质量 Δm, 对于灵敏度低的取 1 g, 灵敏度高的则取 10 mg 或 1 mg.

天平的种类很多, 例如:

① 上皿天平. 秤盘在上侧, 灵敏度较低.

② 不等臂天平. 特殊设计的两臂长差很多, 用特制砝码.

③ 单臂天平. 只有一个秤盘, 被测物及砝码在同一侧.

④ 阻尼天平. 在梁上挂上专门的阻尼盒, 使天平的摆动能迅速停止.

⑤ 电光阻尼天平. 利用游标原理, 能比较准确地读出指针的位置.

图 3.20 所示为物理天平, 灵敏度在 1 div/10 mg 附近; 图 3.21 所示为阻尼分析天平, 灵敏度在 1 div/mg 附近.

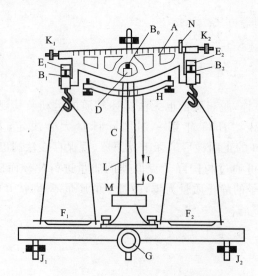

A	梁
B_0, B_1, B_2	刀口
C	立柱
D	刀承
E_1, E_2	吊耳
F_1, F_2	秤盘
G	止动旋钮
H	止动架
I	铅锤
J_1, J_2	底脚螺丝
K_1, K_2	调平螺丝
L	指针
M	标尺
N	游码(100 mg)
O	铅锤准针

图 3.20　物理天平

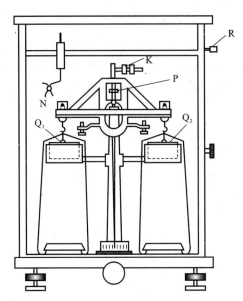

K	调平螺丝
N	游码(10 mg)
P	调灵敏度螺丝
Q_1，Q_2	阻尼盒
R	游码移动杆

其他与物理天平相同

图 3.21   阻尼分析天平

3.3.1.1   使用天平前的调整

（1）调水平．调天平的底脚螺丝，观察铅锤或圆气泡水准器，将天平立柱调成铅直．

（2）调零点空载时支起天平，若指针的停点和标尺中点相差超过 1 分格时，可调梁上的调平螺丝将其调回．此操作要在落下天平梁时进行．

3.3.1.2   操作规则

使用天平时必须遵守操作规则，为的是使测量工作能顺利进行；并保证测量的准确性，同时也是为了保护天平的灵敏度，操作时的注意事项如下：

（1）只有当要判断天平哪一侧较重时，才旋转止动旋组支起横梁，并在判明后慢慢将其止动．不许可在横梁支起时，加减砝码、移动游码或取放被测物，以防止天平受到大的震动损伤刀口．

（2）被测物放在左盘上，右盘上加砝码，取放砝码时要用镊子，用过的砝码要直接放到盒中原来位置，注意保护砝码的准确性．

（3）称衡时，先估计一下物体的重量，加一适当的砝码，支起天平，判明轻重后再调整砝码．调整砝码时，一定要从重到轻依次更换砝码，不要越过重的先加小砝码，那样往往要多费时间，或者出现砝码不够用的情形．称衡过程中要经常检查吊耳的位置是否正常．

（4）称衡后，要检查横梁是否已落下，横梁及吊耳的位置是否正常，砝码是否按顺序摆好，以使天平始终正常状态．

（5）精密天平放在玻璃箱中，取放物体、加减砝码时，打开侧门，并随时关上，正门一般不开，主要是防止由于空气流动引起天平的不正常摆动．

3.3.1.3　精密称衡时的系统误差

1）不等臂引入的系统误差

假设天平横梁的左右二臂有稍许差异,左侧长 l_1,右侧长 l_2,将质量 m 的物体置于左盘上称衡,右盘上加砝码 m_1 时横梁水平,将物体置于右盘上称量时,左盘上加砝码 m_2 时横梁水平,则必定有

$$mgl_1 = m_1 g l_2 \qquad m_2 g l_1 = m g l_2$$

以上二式相除消去 g,l_1 和 l_2,得

$$\frac{m}{m_2} = \frac{m_1}{m}$$

即 $m^2 = m_1 m_2$,所以 $m = \sqrt{m_1 m_2}$.

实际上 m_1 和 m_2 相差甚小. 为了计算简便,令 $m_2 = m_1 + \Delta m$,并将其代入上式得

$$m = m_1 \left(1 + \frac{\Delta m}{m_1}\right)^{\frac{1}{2}}$$

展开上式,取一级近似可得

$$m = m_1 \left(1 + \frac{1}{2} \frac{\Delta m}{m_1}\right) = \frac{1}{2}(m_1 + m_2)$$

2）空气浮力引入的系统误差

假设天平是等臂的,当天平平衡时,由于砝码密度 ρ_1 与被测物密度 ρ_2 一般不等,所以物体质量 m_2 与砝码质量 m_1 并不相等,这时成立

$$m_2 g - \frac{m_2}{\rho_2} \rho_0 g = m_1 g - \frac{m_1}{m_2} \rho_0 g$$

式中,ρ_0 为空气的密度;g 为重力加速度. 整理后可得

$$m_2 = m_1 \frac{1 - \rho_0/\rho_1}{1 - \rho_0/\rho_2}$$

由于 ρ_1 和 ρ_2 均远大于 ρ_0,得近似式为

$$m_2 = m_1 \left[1 + \left(\frac{1}{\rho_2} - \frac{1}{\rho_1}\right)\rho_0\right]$$

计算时取 $\rho_0 = 1.2 \times 10^{-5} \ \text{g/cm}^3$,国家规定砝码标称密度 ρ_1 为 $8.0 \ \text{g/cm}^3$.

3）砝码质量不准引入的系统误差

国家规定工厂生产的砝码,可有不超过与砝码等级规定的误差,又由于使用时的磨损,误差将增加,所以砝码的实际质量与它的标称值(即刻在砝码上之值)不会相等. 精密砝码应定期送国家计量部门重新检定,给出每个砝码的不确定度.

4）观测者的个人误差

这种误差是由于个别观测者的特性引起的. 可通过换人测量去发现.

此外还有用电子天平和惯性称等仪器测量物体的质量.

3.4 温度

物体的各种宏观性质都与温度有关. 温标是用以确定温度数值的规定,1990 年,国际温标规定热力学温度(符号 T)的单位为开尔文(K),开尔文定义为水的三相点热力学温度的 1/273.16. 摄氏温度(符号为 t)定义为 $t/℃ = (T-273.15)/K$,摄氏温度的单位为摄氏度(符号为 ℃),它的大小等于开尔文.

具有随温度而变化特性的物体,都可用来制造温度计. 如:

气体温度计 ⎫
液体温度计 ⎬ 利用体积与温度的关系
固体温度计 ⎭

铂电阻温度计 ⎫
热敏电阻温度计 ⎬ 利用电阻与温度的关系

温差电偶温度计　利用热电动势与温度的关系
光学高温计　　　利用辐射-温度的关系

各种温度计有不同的适宜测温区域,实验时要根据温度的高低和被测物体的状态,选取适当的温度计.

3.4.1 水银温度计

水银温度计属液体温度计,在带有毛细管的玻璃泡中封入一定质量的水银,在温度升高时,由于水银的体胀系数大于玻璃的体胀系数,可以看到毛细管中的水银丝上升.

纯净的水银,在一大气压下从 −38.87 ℃ 到 356.58 ℃ 是液体,而且有比较均匀的体胀系数,另外对玻璃又不浸润,所以很适合作为测温物质.

温度计要反复使用,温度计的玻璃泡也要反复经历膨胀与收缩的形变,要求在此变化过程中残留形变尽量小,因此温度计的玻璃均使用专门设计的.

3.4.1.1 温度计的规格

实验室使用的温度计有以下规格:

(1) 二等标准温度计. 一般是 7 支一组,从 −30 ℃ 到 350 ℃,分度值为 0.1 ℃,可作为实验室校准液体温度计用. 每支温度计均有检定证书,应当每过一段时间再送计量部门去复检.

(2) 实验玻璃水银温度计. 是实用的比较精密的水银温度计,从 −30 ℃ 到 300 ℃ 分为 6 支,分度值为 0.1 ℃.

(3) 普通玻璃水银温度计. 测量范围有许多种,分度值多数是 1 ℃ 到 0.5 ℃.

(4) 贝克曼水银温度计. 是实验室用于精细测量温度变化的温度计,分度值为 0.01 ℃,

测量范围只有 5 ℃,但是测量温度的起点可在一定范围内调节.

3.4.1.2　水银温度计的误差与校正

1) 二定点的校正

在制造玻璃水银温度计时,玻璃中总会残留些应力,它将使温度计的玻璃逐渐有些微小的变形,致使校准过的温度计经过一段时间后,其校准值又出现偏差,因此温度计的校准要定期进行.

温度计的校准,一般在实验室是进行水的冰点和沸点这二定点的校正.

(1) 冰点校正. 将蒸馏水制造的冰做成冰屑,放到清洁的冰点计中,如图 3.22 所示.压紧后,倒入蒸馏水,用一清洁的玻璃棒插入冰屑中形成一空洞,将温度计插入洞中,使 0 ℃ 刻线刚刚露在上面,将多余的水从下面放出. 经过约 10 min,如果示值稳定就读出温度计示值为 Δ_0,它即 0 ℃ 时温度计的指示值.

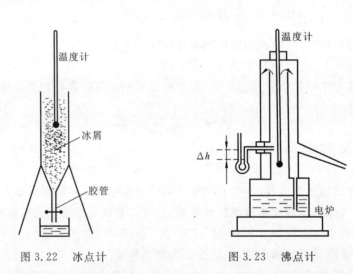

图 3.22　冰点计　　　　　　　图 3.23　沸点计

(2) 沸点校正. 图 3.23 所示为沸点计,用以在水的沸点对温度计进行定点校正. 将温度计插入筒中,只露 100 ℃ 附近的几度. 用电炉或煤气炉加热,待水沸腾 10 min 后,如果示值稳定就可读出温度计指示值 θ,水压计读数 Δh(cm) 及气压计读数 P(Pa),则指示值 θ 对应的准确温度为 θ_0,则

$$\{\theta_0\}_{\text{℃}} = 100 + 2.753 \times 10_{-4}(\{P\}_{\text{Pa}} - 101324 + \{\Delta h\}_{\text{cm}} \times 9.8)$$

式中,$\{\theta_0\}_{\text{℃}}$ 表示 θ_0 以 ℃ 为单位时的数值;$\{P\}_{\text{Pa}}$ 表示 P 以 Pa 为单位时的数值;$\{\Delta h\}_{\text{cm}}$ 表示 h 以 cm 为单位时 Δh 的数值.

经过二定点校正,可求出温度计刻度的每 1 ℃ 的实际温度差

$$a = \theta_0/(\theta - \Delta_0)$$

的温度计,测得一温度的温度计读数为 t',则实际温度

$$t = (t' - \Delta_0) \cdot a$$

2）水银温度计露出部分的补正

制造水银温度计时的刻度,有的是将温度计全部浸入温度已知的介质中进行,称为全浸式温度计;有的是将温度计的局部浸入介质中进行,称为局浸式温度计.

在使用全浸式温度计测温度时,必需将温度计全部(指水银部分)浸入测温介质中,如果由于实际情况做不到这一点就会引入误差,因此要作露出部分补正.

设温度计读数为 t,露出部分周围的气温为 t',露出部分的刻度数为 n,水银的体胀系数为 β,玻璃的线胀系数为 a,则所测的实际温度

$$\theta = t - n + n\frac{1+\beta(t-t')}{1+3a(t-t')} \approx t + (\beta-3a)(t-t')n$$

式中,$(\beta-3a)(t-t')n$ 为露出部分修正值;θ,t 均以 ℃ 为单位.

3）滞留与迟后问题引入的误差

温度计的上部是很细的毛细管,在升温和降温时,毛细管中水银丝上部的形状不同,在温度变化时,总有滞留现象,在测量温度读数时,应轻轻叩一叩温度计再读数.另外由于热传导速率的影响,热容量的影响,温度计的示值常迟后于实际温度,因而在待测温度变化较快时,不宜于使用水银温度计,可以改用反应迅速的温差电偶去测量.

3.4.2 温差电偶温度计

将 A,B 两种成分不同的金属丝的两端,分别紧密连在一起,如图 3.24 所示.当两接点处的温度 t_1,t_2 不等时,在回路中产生温差电动势,并且有电流流过.温差电动势的大小和两端温差的大小、两金属成分以及接触状态有关.

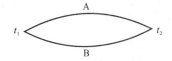

图 3.24　两端相连的金属丝

对于 A,B 一定的两金属,接触比较理想时,温差电动势与温差之间有稳定的关系,温差电偶温度计就是利用此规律去测量温差的.

（1）温差电偶所用金属.温差电偶所用的金属见表 3.1.

表 3.1　温差电偶所用金属

温差电偶	组　成	测温范围 /℃
铜—康铜	铜(100%),康铜(Cu60%,Ni40%)	-200～500
铁—康铜	铁(100%),康铜(Cu60%,Ni40%)	-200～600
镍铬—镍铝	镍铬(Ni90%,Cr10%),镍铝(Ni94%,A13%,其他)	-200～1000
铂铑—铂	铂铑(Pt87%,Rh13%),铂(100%)	-180～1600

（2）使用方法.一般如图 3.25(a) 所示连接,当温差电偶之一的金属为铜时则如图 3.25(b) 所示连接.一般冷端要放在冰、水混合物的容器中.对图 3.25(a),两低温端的温

度要相同.

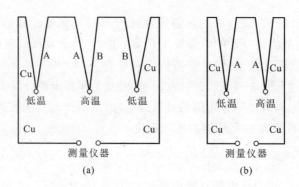

图 3.25　温差电偶的连接

　　温差电动势的测量,在精密测量中应使用电位差计,要求较低时可使用毫伏计.在用毫伏计测量时,电路的电阻对测量有影响.

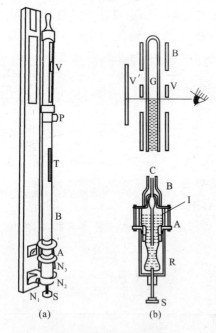

图 3.26　水银气压计

3.4.3　水银气压计

　　在水银气压计中,大气压强由水银柱的压强的平衡.测出水银柱的高,便得出大气压之值.实验室常用的是福延式水银气压计如图 3.26 所示.图(a)为其整体图,图(b)为上、下部分的断面图.水银槽的上部为玻璃圆筒 A,下部炽水银囊 R,螺旋 S 可调节水银槽中水银面的高低.水银槽的盖上有一向下的象牙尖 I,测气压时和定零点时必须使象牙尖 I 和水银面刚好接触.装水银的玻璃管 G 置于黄铜筒 B 中,在 B 的上部窗口露出一部分玻璃管,用以测量水银面的位置,转动 P 可上下移动游标 V.当 V 的下沿连线和水银柱顶端相切时,从游标读出的标尺读数,为水银面上水银柱的高度,即大气压强.T 为温度计,测量室温时用.

测量步骤如下:

　　(1) 读出气压计上温度计 T 的数值;

　　(2) 松开气压计下部的三个螺旋 N_1,N_2,N_3,使气压计自由下垂,在保持气压计铅直方向不变的条件下,重新将三螺旋拧紧;

　　(3) 用 S 调节水银面的位置在室和象牙尖 I 刚接触为止,可通过观察 I 和 I 在水银面中的象去判断,这一步骤对没准气压值很重要,要仔细检查,这时气压计标尺的零点刚好在水银面上(实际上象牙尖的尖端为标尺的零点);

（4）旋动 P 慢慢下移游标，直至 V, V′ 的连线与永银柱凸面的顶端相切；

（5）从游标上读出水银柱高度值.

3.5　电流

在国际单位制（SI）中，电流以安培（A）为单位，国际计量标准定义：在真空中，截面积课忽略的两根相距 1 m 的无限长平行园直导线内通以等量恒定电流时，若导线间相互作用力在每米长度上为 $2 \times 10^{-7} \mathrm{N}$，则每根导线中的电流为 1 A. 实际上可以用电流平衡法、磁共振法等所做的绝对测量复现电流单位.

安培单位难以长期保持，且复现的准确度不高，因此实际上使用复现准确度高的电压单位（伏特）和电阻单位（欧姆）根据欧姆定律来保持电流单位. 在世界各国的实验室中用标准的电池组和标准的电阻组来保持伏特和欧姆，作为体现电阻单位的物理基础.

电表的种类很多，有磁电型、电磁型、电动型、静电型等. 其中以磁电型电表应用最为广泛. 其基本结构如图 3.27 所示.

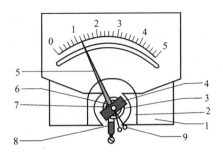

图 3.27　磁电式仪表结构
1.永久磁铁；2.极掌；3.圆柱形铁心；
4.线圈；5.指针；6.游丝；7.半轴；
8.调零螺杆；9.平衡锤

在永久磁铁（1）的两个磁掌（2）和圆柱形铁心（3）之间的空隙磁场 B 中有一个可转动的线圈（4）. 当线圈中有被测电流 I 通过时，线圈在磁场作用下发生偏转 α，电流 I 所产生的力矩为 $M_I = BNSI$（N 为线圈的匝数，S 是线圈的面积），直到和游丝（6）的反作用力矩 $M_D = -D\alpha$（负号表示力矩的方向与转动的方向相反，D 是抗扭劲度）相平衡为止. 偏转角的大小与通过线圈的电流成正比，并有指针（5）指示出来.

$$M_I + M_D = 0$$

$$BNSI = D\alpha$$

$$\alpha = \frac{BNS}{D}I = S_I I$$

式中，$S_I = \dfrac{BNS}{D}$ 的是磁电式仪表的灵敏度，当电表制定后 B, N, S, D 均为定值，则 S_I 为常量.

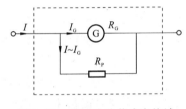

图 3.28　将表头改装成安培计

磁电式电表表头指针偏转满度时的电流很小，只适于测量微安级或毫安级电流. 若要测量较大的电流则需要扩大电表的电流量程. 扩大电流量程的办法是在电表表头两端并联电阻 R_P，使超过电表表头承受力的电流由并联电阻上流过. R_P 称为分流电阻，这样用表头和 R_P 组合成的整体就是直流安培计，如图 3.28 所示.

由此图可知

$$V_G = I_G R_G \qquad V_G = (I - I_G) R_G$$

可得

$$R_P = \frac{I_G}{I - I_G} R_G$$

式中,R_G 为电表表头的内阻. 选用不同的 R_P 可以组成不同量程的直流安培计,一般直流安培计的内阻从 0.1 欧姆(安培计) 到几百欧姆(毫安计) 甚至几千欧姆(微安计).

3.6　摩尔

摩尔是一个系统的物质的量,该系统中所包含的基本单元数与 0.012 kg $^{12}_6$C 的原子数目相等,使用摩尔时,基本单元应予以指明,可以是原子、分子、离子、电子或其他粒子,或是这些粒子的特定组合. 1971 年经第 14 届国际计量大会通过,将摩尔定为国际单位制的 7 个基本单位之一.

3.7　发光强度

发光强度是光度学中的基本物理量. 早年发光强度的单位叫"烛光",它是以标准蜡烛的发光来定义的,1979 年第十六届国际计量大会通过决议,规定其新定义:坎德拉(cd) 是一光源在给定方向上的发光强度,该光源发出频率为 540×10^{12} Hz 的单色辐射,且在此方向上的辐射强度为 $\frac{1}{683}$ W/sr.

若某一平面上相邻的面元 dS_1 和 dS_2,分布受到点光源 O_1 和 O_2 的照明,两面元的照度分别为

$$E_1 = \frac{I_1 \cos\theta_1}{r_1^2} \qquad E_2 = \frac{I_2 \cos\theta_2}{r_2^2}$$

当人眼确定两照度相等时,则有

$$\frac{I_1 \cos\theta_1}{r_1^2} = \frac{I_2 \cos\theta_2}{r_2^2}$$

当两光源垂直照明两面元,或者两面元有相同的倾角($\theta_1 = \theta_2$) 时,由上式得

$$I_1 = I_2 \frac{r_1^2}{r_2^2}$$

当光源之一的发光强度为已知时,由测出的距离 r_1 和 r_2 就能得到另一光源的发光强度. 利用这个原理,人们制成了各种光度计,如陆末-布洛洪光度计、本生油光度计以及普尔弗里希光度计等.

图 3.29(a) 所示为陆末-布洛洪光度计的结构图,S 是一块反光板,它使由光源 L_1 和 L_2 射进的光分别漫(反)射到全反射镜 M_1 和 M_2 中,两束光再经由全反射镜 P_1 和 P_2 出射,观察者在望远镜 T 中可以同时观察到由反光板 S 的两表面反射来的光线,当 S 板两表面

照度不等时,在视场内会看到由这两束光形成的交错图样,参看图 3.29(b),这是因为 P_1 和 P_2 两块棱镜中的一块斜面上蚀刻有一定的图形所至. 若 S 板两表面照度相等,则视场内是一片均匀的照明,如图 3.29(c) 所示.

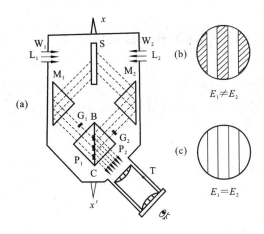

图 3.29　陆末-布洛洪光度计光学系统图

4 基础性物理实验

基础性实验,主要学习基本物理量的测量、基本实验仪器的使用、基本实验技能和基本测量方法、误差与不确定度及数据处理的理论与方法等,可涉及力学、热学、电磁学、光学、近代物理等各个领域的内容. 为后续实验内容的学习打下基础.

4.1　密度的测量

4.1.1　实验目的

(1) 掌握游标卡尺,螺旋测微计和物理天平的使用方法;

(2) 学习用流体静力称衡法测量物体的密度;

(3) 学习比重瓶的使用方法.

4.1.2　实验仪器

游标卡尺、螺旋测微器、物理天平、比重瓶、烧杯、细线、待测物体、待测液体、温度计.

4.1.3　实验原理

设物体的质量是 m,体积为 V,则物体的密度 $\rho = \dfrac{m}{V}$. 由此,只要知道质量和体积,就可以求得物体的密度. 质量可以用天平测量得到,对于几何形状简单规则的物体,可以用量具测量其体积;对于几何形状不规则的物体,其体积无法用量具直接测量,可以用流体静力称衡法和比重瓶法.

4.1.3.1　直接测量法

设待测物体是一直径为 d,长度为 l 的圆柱体,则其体积为

$$V = \frac{1}{4}\pi d^2 l$$

如称得该待测物的质量为 m,则其密度为

$$\rho = \frac{m}{4\pi d^2 l}$$

4.1.3.2 静力称衡法

用静力称衡法可以测量形状不规则固体和液体的密度.

如果被测固体不溶于水,其密度比水大,其在空气中的质量为 m,把它悬挂在密度为 ρ_0 的水中的称衡值为 m_1,根据阿基米德定律有

$$(m - m_1)g = \rho_0 gV \qquad V = \frac{m - m_1}{\rho_0}$$

则该固体的密度为

$$\rho = \frac{m}{m - m_1}\rho_0$$

如果将该固体悬挂在密度为 ρ' 的液体中的称衡值为 m',同理可得该液体的密度为

$$\rho' = \frac{m - m'}{m - m_1}\rho_0$$

4.1.3.3 比重瓶法

用比重瓶法可以测量液体和颗粒状固体的密度.

比重瓶如图 4.1 所示,设空比重瓶的质量为 m,充满密度为 ρ_1 的被测液体时质量为 m_1,充满已知密度为 ρ_0 的水时质量为 m_2,则被测液体的密度为

$$\rho_1 = \frac{m_1 - m}{m_2 - m}\rho_0$$

设待测固体颗粒的质量为 m,比重瓶充满密度为 ρ_0 的水时质量为 m_1,比重瓶中加入待测固体颗粒并充满水时质量为 m_2,则加入固体后被排开的水的质量为 $m + m_1 - m_2$,固体的体积为

图 4.1 比重瓶

$$V = \frac{m + m_1 - m_2}{\rho_0}$$

所以固体颗粒的密度为

$$\rho = \frac{m}{m + m_1 - m_2}\rho_0$$

4.1.4 实验内容

(1) 用游标卡尺,千分尺和物理天平测量金属圆柱体的密度;
(2) 用静力称衡法测量不规则金属块的密度;
(3) 分别用静力称衡法和比重瓶法测量酒精的密度;
(4) 用比重瓶法测量小钢珠的密度.

4.1.5 选做内容

(1) 用比重瓶法测量沙子的密度;

（2）用静力称衡法测量密度比水小的固体的密度.

4.1.6　注意事项

（1）严格遵守物理天平操作步骤和操作规则,正确使用天平;

（2）在液体中称衡时应注意不使样品露出水面或接触烧杯,并应防止待测液体与已知液体混合;

（3）实验中应注意随时排除附着于待测样品上的气泡,排除方法可以用细丝轻轻摇振.

思 考 题 一

1. 如何测量石蜡等密度比水小的固体的密度.
2. 如何测量白糖、食盐等易溶于水的固体颗粒的密度.

4.2　牛顿第二定律的验证

4.2.1　实验目的

（1）学习气垫导轨、光电测量系统的使用方法;
（2）学习测量滑块的运动的瞬时速度和加速度;
（3）验证牛顿第二定律.

4.2.2　实验仪器

气垫导轨、小滑块、光电门、计时计数测速仪、气泵、砝码、砝码盘、细线.

4.2.2.1　气垫导轨

气垫导轨是一种力学实验装置,它主要由空腔导轨、滑行器、气源和光电门装置组成,如图 4.2 所示.

导轨是用一根平直、光滑的三角形铝合金制成,固定在一根刚性较强的钢梁上.导轨轨面上均匀分布着两排喷气小孔,导轨一端封死,另一端装有进气嘴.当压缩空气经管道从进气嘴进入腔体后,就从小气孔喷出,托起滑行器.为了避免碰伤,导轨两端及滑轨上都装有弹射器.在导轨上装有调节水平用的地脚螺钉.双脚端的螺钉用来调节轨面两侧线高度,单脚端螺钉用来调节导轨水平.或者将不同厚度的垫块放在导轨底脚螺钉下,以得到不同的斜度.导轨一侧固定有毫米刻度的米尺,便于定位光电门位置.滑轮和砝码用于对滑行器施加外力.

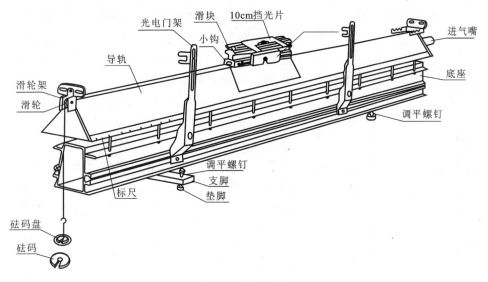

图 4.2 气垫导轨

4.2.2.2 调平气垫导轨

应将气垫导轨的纵横两个方向都调平. 横向调平时细心调节双脚螺旋 B 中的一个螺旋的升降,直到滑行器与导轨两测的间隙相等为止. 纵向调平时,调节单脚螺旋 A 的升降,先粗调,后微调.

(1) 粗调. 打开气源,使滑行器浮起,将滑行器先后放在导轨左端和右端,由静止释放,观察其是否向左右自行滑动,若向某个方向滑动,就表明导轨未调平,该方向低. 细心调节单脚螺旋的升降,直到滑行器基本上可以静止在导轨上任意位置为止.

(2) 微调. 细调采用单向动调法. 将两光电门置于导轨左右两端距端点约 30.00 cm 处,然后将滑行器拉止左端,用手向右轻推,使滑行器以中等速度(30 ~ 60 cm/s,时间显示为 117.00 ~ 233.0 ms)滑行,数字毫秒计测量出 Δx 经过光电门 1 和光电门 2 所用的时间 Δt_1 和 Δt_2,反复细心调节单脚螺旋 A,使 $\Delta t_1 = \Delta t_2$. 由于气垫的粘滞力和空气阻力等影响,滑行器通过两光电门的时间很难完全相等. 如果

$$\frac{|\Delta t_1 - \Delta t_2|}{\Delta t_1} < 2\%$$

就可以认为气垫导轨已经处于水平状态.

4.2.3 实验原理

设一物体的质量为 m,运动的加速度为 a,所受的合外力为 F,则按牛顿第二定律有如下关系:

$$F = ma$$

此定律分两步验证:

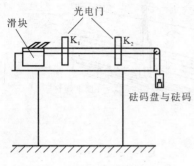

图 4.3　验证牛顿第二定律系统

（1）验证物体质量 m 一定时，所获得的加速度 a 与所受的合外力 F 成正比；

（2）验证物体所受合外力 F 一定时，物体运动的质量 m 与加速度 a 成反比。

实验时，将滑块和砝码盘相连并挂在滑轮上，如图 4.3 所示。对于滑块、砝码盘、砝码这一运动系统，其所受合外力 F 的大小等于砝码和砝码盘的重力减去阻力的总和，在此实验中由于应用了水平气垫导轨，所以摩擦阻力较小，可略去不计，因此作用在运动系统上的合外力 F 的大小为砝码和砝码盘的重力之和。

因此按牛顿第二定律：

$$F = (m_0 + n_2 m_2)g = ma = [m_0 + m_1 + (n_1 + n_2)m_2 + m_r]a \qquad (4.1)$$

式中，m_0 为砝码盘的质量；加在砝码盘中砝码的质量为 $n_2 m_2$（每只砝码的质量为 m_2，共加了 n_2 只），滑块的质量为 m_1，$n_1 m_2$ 为加在滑块上砝码的质量（共加了 n_1 个）；m_r 为定滑轮的等效质量；运动系统的总质量 m 为上述各部分质量之和。

从式 4.1 看，各部分质量均可精确测量，因此只需精确测量出加速度 a 即可验证牛顿第二定律。

现给出加速度 a 的测量方法：在导轨上相距为 s 的两处，放置两光电门 K_1 和 K_2，测出此系统在合外力 F 作用下滑块通过两光电门时的速度分别为 v_1 和 v_2。则系统的加速度

$$a = \frac{v_2^2 - v_1^2}{2s} \qquad (4.2)$$

4.2.4　实验内容

检查光电计时系统，学习数字毫秒计的使用；了解气垫导轨的结构、调平方法及使用的注意事项；验证物体质量一定时，加速度与和所受外力成正比。

（1）选数字毫秒计面板上的"功能"键选 S_2 挡。

（2）给气垫导轨通气，用软布沾少许酒精擦拭导轨表面和滑块内表面，用薄纸条检查导轨是否有气孔堵塞，并调整导轨的底脚螺丝使导轨水平。

（3）把系有砝码盘的细线通过气垫导轨定滑轮与滑块（滑块上至少加 4 只砝码）相连，再将滑块移至远离定滑轮的一端，松手后滑块便从静止开始作匀加速直线运动。

（4）重复步骤（3），每次从滑块上将一个砝码移至砝码盘中，分别记下滑块挡光片通过两个光电门的速度 v_1 和 v_2，以及砝码盘和加在砝码盘上砝码的总质量（$m_0 + n_2 m_2$）。

（5）由式（4.2）计算加速度的数值，求出各加速度 a 之后作出 F-a 关系图，纵轴表示砝码和砝码盘的总重量 F，横轴表示加速度 a。所作的图线应是一直线，求出所得图线的斜率，并将其和运动系统总的质量 m 作比较，理论上二者应相等，如在实验误差范围内，则

验证了物体的质量 m 不变时,物体的加速度 a 与所受合外力 F 成正比.

4.2.5　选做内容

(1) 设计实验验证:物体所受合外力 F 一定时,物体运动的质量 m 与其加速度 a 成反比.

(2) 如何考虑空气摩擦阻力对实验的影响?

(3) 如何考虑定滑轮对实验结果的影响?

4.2.6　注意事项

(1) 避免气垫导轨和滑块内表面划伤;

(2) 每次测量应将滑块放在相同的起始位置;

(3) 滑块通过第二个光电门后应制动,以免滑块滑出导轨.

思 考 题 二

1. 验证加速度与外力成正比时,为什么要将备用的砝码放在滑块上,而不是放在实验台上?

2. 实验开始时,如果未将导轨充分调平,得到的 F-a 图应是什么样的?对验证牛顿第二定律将有什么影响?

4.3　用混合法测量固体的比热容

4.3.1　实验目的

(1) 掌握用混合法测量固体比热容的原理和方法;

(2) 学习用误差分析方法确定最有利的测量条件.

4.3.2　实验仪器

量热器、温度计($0 \sim 50\ ℃$,$0 \sim 100\ ℃$ 各一支)、待测件、加热器、天平、停表、小量筒.

4.3.3　实验原理

单位质量的物质温度每升高(或降低)单位温度时,所吸收(或放出)的热量称为该物质的比热容. 在温度变化不大的情况下,可认为它是常数. 温度不同的物体混合之后,热量将由高温物体传给低温物体. 如果在混合过程中和外界没有热交换,最后将达到均匀稳定的平衡温度,在这过程中,高温物体放出的热量等于低温物体所吸收的热量.

如图 4.4 所示,假设量热器和搅拌器的质量为 m_1,比热容为 c_1,开始时量热器与其内质量为 m 的水具有共同温度 T_1,把质量为 m_x 的待测物加热到 T' 后放入量热器内,最后这一系统达到热平衡,终温为 T_2. 如果忽略实验过程中对外界的散热或吸热,则有

$$m_x c_x (T' - T_2) = (mc + m_1 c_1 + 1.92V)(T_2 - T_1)$$

$$c_x = \frac{(mc + m_1 c_1 + 1.92V)(T_2 - T_1)}{m_x(T' - T_2)} \qquad (4.3)$$

式中,c 为水的比热容;$1.92V$ 代表温度计的热容量,其中 V 是温度计浸入水中的体积,以 cm³ 为单位.

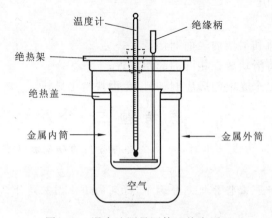

图 4.4　混合法测量固体比热容原理

上述讨论是在假定量热器与外界没有热交换时的结论. 实际上只要有温度差异就必然会由热交换存在,因此,必须考虑如何防止或进行修正热散失的影响. 在本实验中由于测量的是导热良好的金属,从投下物体到达混合温度所需时间较短,可以采用热量出入相互抵消的方法,消除散热的影响. 即控制量热器的初温 T_1,使 T_1 低于环境温度 T,混合后的末温 T_2 则高于 T,并使 $(T - T_1)$ 与 $(T' - T)$ 大致相等.

由于混合过程中量热与环境有热交换,先是吸热,后是放热,致使由温度计读出的初温 T_1 和混合温度 T_2 都与无热交换时的初温度和混合温度不同. 因此,必须对 T_1 和 T_2 进行校正. 可用图解法进行,如图 4.5 所示.

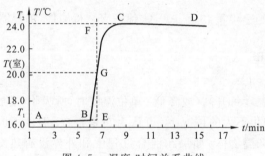

图 4.5　温度-时间关系曲线

在被测物体放入量热器前 $4 \sim 5$ min 就开始测读量热器中水的温度,每隔 30 s 读一次. 当被测物体放入后,温度迅速上升,此时应每隔 10 s 读一次. 直到升温停止后,温度由最高温度均匀下降时,恢复每 30 s 记一次温度,持续记录 $4 \sim 5$ min. 由实验数据作出温度和时间的关系 T-t 曲线.

为了推出式(4.3)中的初温 T_1 和末温 T_2,在曲线上对应于室温 T 的点 G 点作一垂直于横轴的直线. 然后将曲线上升部分 AB 及下降部分 CD 延长,与此垂线分别相交于 E 点和 F 点,这两个交点的温度坐标可看成是理想情况下的 T_1 和 T_2,即相当于热交换无限快时水的初温与末温.

4.3.4　实验内容

(1) 用天平称出金属块的质量 m_x,用细线拴住金属块,掉在投加热器中的夹层锅里加热,筒中的温度计要靠近待测的金属物体;

(2) 称出量热器内筒和搅拌器的质量为 m_1;

(3) 用量杯装大约 250 mL 的冷水(水温比室温低大约 3 ℃ 左右)倒入量热器内筒,称出总质量 m'(包括搅拌器),则水的质量 $m = m' - m_1$;

(4) 当加热器中的水沸腾后,过 5 min 开始测量热器中水温并记时间,每 30 s 测一次,接连测下去;

(5) 记录待测金属块的温度 T';

(6) 将金属块迅速投入量热器中并不断搅拌,每 10 s 测一次水温. 当水温从最高温度开始降低后可 30 s 测一次,持续 5 min;

(7) 用排水法测量温度计浸没在量热器内筒水中的体积;

(8) 绘制 T-t 图,求出混合前的初温 T_1 和混合温度 T_2;

(9) 利用上述各测定值求出被测金属块的比热容及其标准偏差.

在室温下($t = 25$ ℃),水的比热容 c_0 为 4.173×10^3 J/kg·℃,量热器(包括搅拌器)一般是铜制的,其比热容 c_1 为 0.385×10^3 J/kg·℃,铝的比热容为 0.904×10^3 J/kg·℃.

4.3.5　选做内容

(1) 用混合法测量液体的比热容;

(2) 将量热器中的冷水换成热水,把温度低于室温的冰金属块投入量热器的热水中,重新测量该金属块的比热容.

4.3.6　注意事项

(1) 量热器中的温度计不能接触金属块;

(2) T_1 的数值比室温低 $3 \sim 5$ ℃ 即可;

(3) 搅拌时不要过快,以防止有水溅出.

思 考 题 三

本实验中影响测量结果的因素有哪些?哪些已经采取措施,哪些还可以改进?

4.4　金属线胀系数的测定

4.4.1　实验目的

(1) 学习用百分表(或光杠杆)测量长度的微小变化;

(2) 测量金属棒的线胀系数.

4.4.2　实验仪器

线胀系数测定仪、百分表、磁力表座、(换成光杠杆、望远镜及直尺) 蒸汽发生器、温度计、钢卷尺.

4.4.3　实验原理

固体的长度一般随温度的升高而增加,设 L_0 为物体在温度 $t = 0\ ℃$ 时的长度,则物体在 $t\ ℃$ 时的长度为

$$L = L_0(1 + \alpha t)$$

式中,α 即为该物体的长胀系数,单位是 $℃^{-1}$. 在温度变化不大时,α 是一个常量.

设物体在温度 $t_1\ ℃$ 时的长度为 L,温度升高到 $t_2\ ℃$ 时其长度增加了 δ,则

$$L = L_0(1 + \alpha t_1) \qquad L + \delta = L_0(1 + \alpha t_2)$$

消去 L_0 整理得

$$\alpha = \frac{\delta}{L(t_2 - t_1) - \delta t_1} \approx \frac{\delta}{L(t_2 - t_1)}$$

测量线胀系数的主要问题,是怎样测准温度变化引起长度的微小变化 δ.

本实验是利用光杠杆测量微小长度的变化,原理如图 4.6 所示.

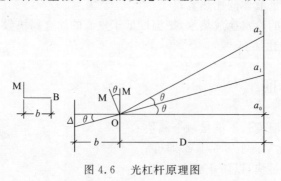

图 4.6　光杠杆原理图

由 $\delta = \dfrac{b(a_2 - a_1)}{2D}$ 知，

$$\alpha = \frac{b(a_2 - a_1)}{2LD(t_2 - t_1)}$$

4.4.4 实验内容

(1) 用米尺测量金属棒长 L 之后，将其插入线胀系数测定仪的金属筒中，下端要和基座紧密相接，上端露出筒外；

(2) 安装温度计，插温度计时要小心，切忌碰撞，以防损坏；

(3) 将光杠杆放在仪器平台上，其后足尖放在金属棒的顶端上. 在光杠杆 $1.5 \sim 2.0$ m 处放置望远镜及直尺，调节望远镜（仔细聚焦以消除叉丝与直尺的像之间的位置），读出叉丝横线在直尺上的位置 a_1；

(4) 记下初温 t_1 后，给蒸汽锅加热，蒸汽进入金属筒后，金属棒迅速伸长，待温度计稳定几分钟后，读出横线所对直尺的数值 a_2，并记下 t_2；

(5) 停止加热，测出直尺到平面镜镜面间距离 D，取下光杠杆及温度计；

(6) 将光杠杆在白纸上压出三个足痕迹，用游标卡尺测其后足尖到二前足尖联线的垂直距离 b；

(7) 将数据代入公式计算结果；

(8) 取出金属棒，用冷水冷却金属筒之后安装另一根金属棒，重复操作；

(9) 求出二种金属的线胀系数，并求出测量结果的标准不确定度.

4.4.5 测量举例

4.4.5.1 测量铜棒的线胀系数

测量项	L/cm	a_1/cm	a_2/cm	t_1/℃	t_2/℃	D/cm	b/cm
测量值	50.00	2.20	5.05	10.50	99.95	138.51	7.692

$$\begin{aligned}\alpha_1 &= \frac{b(a_2 - a_1)}{2LD(t_2 - t_1)} \\ &= \frac{7.692 \times 10^{-2} \times 2.85 \times 10^{-2}}{2 \times 138.51 \times 10^{-2} \times 50.00 \times 10^{-2} \times (99.95 - 10.50)} \\ &= 17.7 \times 10^{-6} (\text{℃}^{-1})\end{aligned}$$

百分比误差

$$E = \frac{|\alpha - \alpha_{标}|}{\alpha_{标}} = \frac{|17.7 - 16.7|}{16.7} \times 100\% \approx 6\%$$

4.4.5.2　测量铁棒的线胀系数

测量项	L/cm	a_1/cm	a_2/cm	t_1/℃	t_2/℃	D/cm	b/cm
测量值	50.00	1.10	2.92	10.50	100.00	138.51	7.692

$$\alpha_2 = \frac{b(a_2 - a_1)}{2LD(t_2 - t_1)}$$

$$= \frac{7.692 \times 10^{-2} \times 1.81 \times 10^{-2}}{2 \times 138.51 \times 10^{-2} \times 50.00 \times 10^{-2} \times (100.00 - 10.50)}$$

$$= 1.16 \times 10^{-5} (\text{℃}^{-1})$$

百分比误差

$$E = \frac{|\alpha_2 - \alpha_{2\text{标}}|}{\alpha_{2\text{标}}} = \frac{|1.16 - 1.18|}{1.18} \times 100\% \approx 2\%$$

4.4.6　注意事项

（1）线胀系数测定装置上的金属筒不要固定紧,否则金属筒受热膨胀将引起整个仪器变形,产生较大的误差;

（2）在测量过程中,要注意保持光杠杆和望远镜位置的稳定;

（3）测量光杠杆后足尖到两前足尖联线的垂直距离 b 时,要轻轻在纸上压一下,以免移位带来测量误差.

思 考 题 四

1. 试分析两根材料相同,粗细、长度不同的金属棒,在同样的温度变化范围内,它们的线胀系数是否相同?膨胀量是否相同,为什么?

2. 试分析哪一个量是影响实验结果的主要因数?在操作时应注意什么?

3. 若实验中加热时间过长,使仪器支架受热膨胀,对实验结果将产生怎样的影响?

4.5　弦振动的研究

4.5.1　实验目的

（1）观察在弦上形成的驻波,并用实验确定弦线振动时驻波波长与张力的关系;

（2）在弦线张力不变时,用实验确定弦线振动时驻波波长与振动频率的关系;

（3）学习对数作图或最小二乘法进行数据处理.

4.5.2 实验仪器

可调频率的数显机械振动源、平台、固定滑轮、可调滑轮、砝码盘、米尺、弦线、砝码、分析天平等.

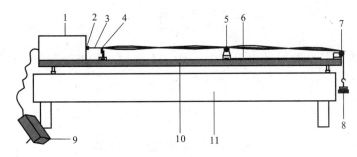

图 4.7 仪器结构图

1.可调频率数显机械振动源;2.振动簧片;3.弦线;4.可动刀口支架;5.可动滑轮支架;
6.标尺;7.固定滑轮;8.砝码与砝码盘;9.变压器;10.实验平台;11.实验桌

实验装置如图 4.7 所示,金属弦线的一端系在能作水平方向振动的可调频率数显机械振动源的振簧片上,频率变化范围从 $0 \sim 200\,\mathrm{Hz}$ 连续可调,频率最小变化量为 $0.01\,\mathrm{Hz}$,弦线一端通过定滑轮 7 悬挂一砝码盘 8;在振动装置(振动簧片)的附近有可动刀口 4,在实验装置上还有一个可沿弦线方向左右移动并撑住弦线的动滑轮 5.这两个滑轮固定在实验平台 10 上,其产生的摩擦力很小,可以忽略不计.若弦线下端所悬挂的砝码(包含砝码盘)的质量为 m,张力 $T = mg$.当波源振动时,即在弦线上形成向右传播的横波;当波传播到可动滑轮与弦线相切点时,由于弦线在该点受到滑轮两壁阻挡而不能振动,波在切点被反射形成了向左传播的反射波.这种传播方向相反的两列波叠加即形成驻波.当振动端簧片与弦线固定点至可动滑轮 5 与弦线切点的长度 L 等于半波长的整数倍时,即可得到振幅较大而稳定的驻波,振动簧片与弦线固定点为近似波节,弦线与动滑轮相切点为波节.它们的间距为 L,则

$$L = n\frac{\lambda}{2} \tag{4.4}$$

式中,n 为任意正整数.

利用式(4.4),即可测量弦上横波波长.由于簧片与弦线固定点在振动不易测准,实验也可将最靠近振动端的波节作为 L 的起始点,并用可动刀口 4 指示读数,求出该点离弦线与动滑轮 5 相切点距离 L.

4.5.3 实验原理

在一根拉紧的弦线上,其中张力为 T,线密度为 μ,则沿弦线传播的横波应满足下述

运动方程:

$$\frac{\partial^2 y}{\partial t^2} = \frac{T}{\mu} \frac{\partial^2 y}{\partial x^2} \tag{4.5}$$

式中,x 为波在传播方向(与弦线平行)的位置坐标;y 为振动位移.将式(4.5)与典型的波动方程 $\frac{\partial^2 y}{\partial t^2} = V^2 \frac{\partial^2 y}{\partial x^2}$ 相比较,即可得到波的传播速度

$$V = \sqrt{\frac{T}{\mu}}$$

若波源的振动频率为 f,横波波长为 λ,由于 $V = f\lambda$,故波长与张力及线密度之间的关系为

$$\lambda = \frac{1}{f} \sqrt{\frac{T}{\mu}} \tag{4.6}$$

为了用实验证明公式(4.6)成立,将该式两边取对数,得

$$\log \lambda = \frac{1}{2} \log T - \frac{1}{2} \log \mu - \log f \tag{4.7}$$

若固定频率 f 及线密度 μ,而改变张力 T,并测出各相应波长 λ,作 $\log\lambda$-$\log T$ 图,若得一直线,计算其斜率值 $\left(如为 \frac{1}{2}\right)$,则证明了 $\lambda \propto T^{1/2}$ 的关系成立.同理,固定线密度 μ 及张力 T,改变振动频率 f,测出各相应波长 λ,作 $\log\lambda$-$\log f$ 图,如得一斜率为 -1 的直线就验证了 $\lambda \propto f^{-1}$.

弦线上的波长可利用驻波原理测量.当两个振幅和频率相同的相干波在同一直线上相向传播时,其所叠加而成的波称为驻波,一维驻波是波干涉中的一种特殊情形.在弦线上出现许多静止点,称为驻波的波节.相邻两波节间的距离为半个波长.

4.5.4　实验内容

4.5.4.1　验证横波的波长与弦线中的张力的关系

固定一个波源振动的频率,在砝码盘上添加不同质量的砝码,以改变同一弦上的张力.每改变一次张力(即增加一次砝码),均要左右移动可动滑轮 5 的位置,使弦线出现振幅较大而稳定的驻波.用实验平台 10 上的标尺 6 测量 L 值,即可根据式(4.7)算出波长 λ.作 $\log\lambda$-$\log T$ 图,求其斜率.

4.5.4.2　验证横波的波长与波源振动频率的关系

在砝码盘上放上一定质量的砝码,以固定弦线上所受的张力,改变波源振动的频率,用驻波法测量各相应的波长,作 $\log\lambda$-$\log f$ 图,求其斜率.最后得出弦线上波传播的规律结论.

4.5.5 选做内容

验证横波的波长与弦线密度的关系. 在砝码盘上放固定质量的砝码, 以固定弦线上所受的张力, 固定波源振动频率, 通过改变弦丝的粗细来改变弦线的线密度, 用驻波法测量相应的波长, 作 $\log\lambda$-$\log\mu$ 图, 求其斜率. 得出弦线上波传播规律与线密度的关系.

4.5.6 测量举例

4.5.6.1 验证横波的波长 λ 与弦线中的张力 T 的关系

波源振动频率 $f = 100.00\,\mathrm{Hz}$; m 为砝码加挂钩的质量, L 为产生驻波的弦线长度, n 为在 L 长度内半波的波数, 实验数据如下(注: n 的个数取决于所选弦线的密度 μ):

$m/10^{-3}\,\mathrm{Kg}$	44.64	89.96	135.33	180.69	226.01	271.35	316.69
$L/10^{-2}\,\mathrm{m}$	74.30	68.80	84.20	71.90	80.70	61.20	65.90
n	6	4	4	3	3	2	2

由以上实验数据计算得到波长与弦线中张力的关系如下:

$\lambda/10^{-2}\,\mathrm{m}$	24.77	34.40	42.10	47.93	53.80	61.20	65.90
T/N	0.437 2	0.881 1	1.325 0	1.770 0	2.214 0	2.658 0	3.102 0
$\log\lambda$	$-0.606\,1$	$-0.463\,4$	$-0.376\,0$	$-0.319\,0$	$-0.269\,0$	$-0.213\,0$	$-0.181\,0$
$\log T$	$-0.359\,3$	$-0.054\,9$	0.122 2	0.248 0	0.345 2	0.424 6	0.491 6

经最小二乘法拟合得 $\log\lambda$-$\log T$ 的斜率为 0.498, 相关系数为 0.999.

4.5.6.2 验证横波的波长 λ 与波源振动频率 f 的关系

砝码加上挂钩的总质量 $m = 135.33 \times 10^{-3}\,\mathrm{Kg}$; 武汉地区的重力加速度 $g = 9.796\,\mathrm{m/s^2}$; 张力 $T = 135.33 \times 10^{-3} \times 9.796 = 1.326\,\mathrm{N}$, 实验数据如下:

f/Hz	45.00	60.00	80.00	100.00	125.00	150.00	175.00
$L/10^{-2}\,\mathrm{m}$	44.80	34.20	54.80	84.60	66.30	55.10	71.30
n	1	1	2	4	4	4	6

由以上实验数据计算得到波长与频率的关系如下:

$\lambda/10^{-2}$ m	89.60	68.40	54.80	42.30	33.15	27.55	23.77
$\log\lambda/10^{-2}$	-4.769	-16.49	-26.12	-37.37	-47.95	-55.99	-62.40
$\log f$	1.653	1.778	1.903	2.000	2.097	2.176	2.243

经最小二乘法拟合得 $\log\lambda$-$\log f$ 的斜率为 -0.988,相关系数为 0.999.

实验结果得到 $\log\lambda$-$\log T$ 的斜率非常接近 0.5;$\log\lambda$-$\log f$ 的斜率接近 -1.验证了弦线上横波的传播规律,即横波的波长 λ 与弦线张力 T 的平方根成正比,与波源的振动频率 f 成反比.

4.5.7　注意事项

(1) 须在弦线上出现振幅较大而稳定的驻波时,再测量驻波波长;

(2) 张力包括砝码与砝码盘的质量,砝码盘的质量用分析天平称量;

(3) 当实验时,发现波源发生机械共振时,应减小振幅或改变波源频率,便于调节出振幅大且稳定的驻波.

思　考　题　五

1. 求 λ 时为何要测几个半波长的总长?

2. 为了使 $\log\lambda$-$\log T$ 直线图上的数据点分布比较均匀,砝码盘中的砝码质量应如何改变?

3. 为何波源的簧片振动频率尽可能避开振动源的机械共振频率?

4. 弦线的粗细和弹性对实验各有什么影响,应如何选择?

4.6　制流电路与分压电路

4.6.1　实验目的

(1) 了解基本仪器的性能和使用方法;

(2) 掌握制流与分压两种电路的联结方法、性能和特点,学习检查电路故障的一般方法;

(3) 熟悉电磁学实验的操作规程和安全知识.

4.6.2　实验仪器

毫安计、伏特计万用电表、直流电源、滑线变阻器、电阻箱、开关、导线.

4.6.3 实验原理

电路可以千变万化,但一个电路一般可以分为电源、控制和测量三个部分. 测量电路是先根据实验要求而确定好的,例如要校准某一电压表,需选一标准的电压表和它并联,这就是测量线路,它可等效于一个负载,这个负载可能是容性的、感性的或简单的电阻,以 R_Z 表示其负载,根据测量的要求,负载的电流值 I 和电压值 U 在一定的范围内变化,这就要有一个合适的电源. 控制电路的任务就是控制负载的电流和电压,使其数值和范围达到预定的要求. 常用的是制流电路或分压电路. 控制元件主要使用滑线变阻器或电阻箱.

4.6.3.1 制流电路

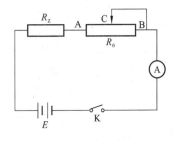

图 4.8 制流电路图

电路如图 4.8 所示,图中 E 为直流电源,R_0 为滑线变阻器,Ⓐ 为电流表,R_Z 为负载,本实验采用电阻箱,K 为电源开关. 将滑线变阻器的滑动头 C 和任一固定端(如 A 端)串联在电路中,作为一个可变电阻,移动滑动头的位置可以连续改变 AC 之间的电阻 R_{AC},从而改变整个电路的电流 I,

$$I = \frac{E}{R_Z + R_{AC}}$$

当 C 滑至 A 点 $R_{AC} = 0$,$I_{max} = \dfrac{E}{R_Z}$,负载处 $U_{max} = E$;

当 C 滑至 B 点 $R_{AC} = R_0$,$I_{min} = \dfrac{E}{R_Z + R_0}$,$U_{min} = \dfrac{E}{R_Z + R_0}R_Z$.

电压调节范围

$$\frac{E}{R_Z + R_0}E \rightarrow E$$

相应电流变化范围

$$\frac{E}{R_Z + R_0} \rightarrow \frac{E}{R_Z}$$

一般情况下负载 R_Z 中的电流为

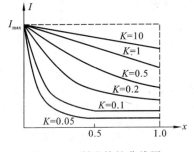

图 4.9 制流特性曲线图

$$I = \frac{E}{R_Z + R_{AC}} = \frac{\dfrac{E}{R_0}}{\dfrac{R_Z}{R_0} + \dfrac{R_{AC}}{R_0}} = \frac{I_{max}K}{K + X}$$

式中,$K = \dfrac{R_Z}{R_0}$;$X = \dfrac{R_{AC}}{R_0}$.

图 4.9 表示不同 K 值的制流特性曲线:

(1) K 越大电流调节范围越小;

(2) $K \geqslant 1$ 时调节的线性好;

（3）K 较小时（即 $R_0 \gg R_z$），X 接近 0 时电流变化很大，细调程度差；

（4）不论 R_0 大小如何，负载 R_z 上通过的电流都不可能为 0.

细调范围的确定：制流电路的电流是靠滑线电阻滑动端位置移动来改变的，最少位移是一圈，因此一圈电阻 ΔR_0 的大小就决定了电流的最小改变量.

因为
$$I = \frac{E}{R_Z + R_{AC}}$$

对 R_{AC} 微分
$$\Delta I = \frac{\partial I}{\partial R_{AC}} \Delta R_{AC} = \frac{-E}{(R_Z + R_{AC})^2} \cdot \Delta R_{AC}$$

$$|\Delta I|_{\min} = \frac{I^2}{E} \cdot \Delta R_0 = \frac{I^2}{E} \cdot \frac{R_0}{N}$$

式中，N 为变阻器总圈数. 从上式可见，当电路中的 E, R_Z, R_0 确定后，ΔI 与 I^2 成正比，故电流越大，则细调越困难，假如负载的电流在最大时能满足细调要求，而小电流时也能满足要求，这就要使 $|\Delta I|_{\max}$ 变小，而 R_0 不能太小，否则会影响电流的调节范围，所以只能使 N 变大，由于 N 大而使变阻器体积变得很大，故 N 又不能增得太多，因此经常再串一变阻器，采用二级制流，如图 4.10 所示，其中 R_{10} 阻值大，作粗调用，R_{20} 阻值小作细调用，一般 R_{20} 取 $R_{10}/10$，但 R_{10}, R_{20} 的额定电流必须大于电路中的最大电流.

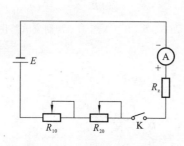

图 4.10　二级制流电路图

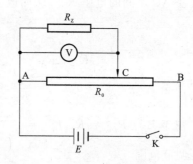

图 4.11　分压电路

4.6.3.2　分压电路

分压电路如图 4.11 所示，滑线变阻器两个固定端 A, B 与电源 E 相接，负载 R_z 接滑动端 C 和固定端 A（或 B）上，当滑动头 C 由 A 端滑至 B 端，负载上电压由 0 变至 E，调节的范围与变阻器的阻值无关. 当滑动头 C 在任一位置时，AC 两端的分压值

$$U = \frac{E}{\dfrac{R_Z \cdot R_{AC}}{R_Z + R_{AC}} + R_{BC}} \cdot \frac{R_Z \cdot R_{AC}}{R_Z + R_{AC}} = \frac{E}{1 + \dfrac{R_{BC}(R_Z + R_{AC})}{R_Z \cdot R_{AC}}} = \frac{ER_Z R_{AC}}{R_Z(R_{AC} + R_{BC}) + R_{BC} R_{AC}}$$

$$= \frac{R_Z \cdot R_{AC} \cdot E}{R_Z \cdot R_0 + R_{BC} R_{AC}} = \frac{\dfrac{R_Z}{R_0} \cdot R_{AC} \cdot E}{R_Z + \dfrac{R_{AC}}{R_0} \cdot R_{BC}} = \frac{K \cdot R_{AC} \cdot E}{R_Z + R_{BC} X}$$

式中，$R_0 = R_{AC} + R_{BC}$；$K = \dfrac{R_Z}{R_0}$；$X = \dfrac{R_{AC}}{R_0}$.

　　由实验可得不同 K 值的分压特性曲线,如图 4.12 所示. 从曲线可以清楚看出分压电路有如下几个特点:

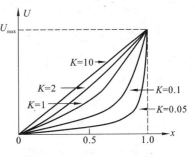

图 4.12　分压特性曲线图

　　(1) 不论 R_0 的大小,负载 R_Z 的电压调节范围均可从 $0 \to E$;

　　(2) K 越小电压调节越不均匀;

　　(3) K 越大电压调节越均匀. 因此要电压 U 在 0 到 U_{max} 整个范围内均匀变化,则取 $K > 1$ 比较合适,实际 $K = 2$ 那条线可近似作为直线,故取 $R_0 \leqslant \dfrac{R_Z}{2}$ 即可认为电压调节已达到一般均匀的要求了.

　　细调范围的确定:

　　当 $K \ll 1$ 时(即 $R_Z \ll R_0$),$U = \dfrac{R_Z}{R_{BC}}E$(略去分母中的 R_Z) 经微分可得

$$| \Delta U | = \frac{R_Z \cdot E}{(R_{BC})^2} \cdot \Delta R_{BC} = \frac{U^2}{R_Z \cdot E} \Delta R_{BC}$$

最小的分压量即滑动头改变一圈位置所改变的电压量,所以

$$\Delta U_{min} = \frac{U^2}{R_Z \cdot E} \Delta R_0 = \frac{U^2}{R_Z \cdot E} \cdot \frac{R_0}{N}$$

式中,N 为变阻器总圈数,R_Z 越小调节越不均匀.

　　当 $K \gg 1$ 时(即 $R_Z \gg R_0$),$U = \dfrac{R_{AC}}{R_0}E$(略去分母中 $R_{BC} \cdot X$),微分得

$$\Delta U = \frac{E}{R_0} \Delta R_{AC}$$

细调最小的分压值莫过于一圈对应的分压值,所以

$$(\Delta U)_{min} = \frac{E}{R_0} \Delta R_0 = \frac{E}{N}$$

　　从上式可知,当变阻器选定后 E,R_0,N 均为定值,故当 $K \gg 1$ 时 $(\Delta U)_{min}$ 为一个常数,它表示在整个调节范围内调节的精细程度处处一样. 从调节的均匀度考虑,R_0 越小越好,但 R_0 上的功耗也将变大,因此还要考虑到功耗不能太大,则 R_0 不宜取得过小,取 $R_0 = \dfrac{R_Z}{2}$ 即可兼顾两者的要求. 与此同时应注意流过变阻器的总电流不能超过它的额定值. 若一般分压不能达到细调要求

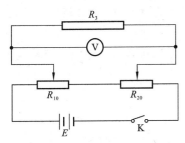

图 4.13　二级分压

可采用二级分压,如图 4.13 所示. 将两个电阻 R_{10} 和 R_{20} 串联进行分压,其中大电阻用于粗调,小电阻用于细调.

4.6.3.3　制流电路与分压电路的差别与选择

（1）调节范围．分压电路的电压调节范围大，可从 $0 \rightarrow E$；而制流电路电压调节范围较小，只能从

$$\frac{R_z}{R_z + R_0} \cdot E \rightarrow E.$$

（2）细调程度．当 $R_0 \leqslant \dfrac{R_z}{2}$ 时，在整个调节范围内调节基本均匀，但制流电路可调范围小；负载上的电压值小，能调得较精细，而电压值大时调节变得很粗．

（3）功率损耗．基于以上的差别，当负载电阻较大，调节范围较宽时选分压电路；反之，当负载电阻较小，功耗较大，调节范围不太大的情况下则选用制流电路．若一级电路不能达到细调要求，则可采用二级制流（或二段分压）的方法以满足细调要求．

4.6.4　实验内容

（1）观察仪表，说明各符号的意义；

（2）记下各仪表的等级；

（3）用万用表测试电路是否正常；

（4）研究制流电路特性：①$K = 0$ 时，确定 I_{max}，R_z 及电源电压 E 的值，测 I-X 曲线并在 I 最大和最小处测电流的变化，要求 X 的变化一致（要求测量 10 次 I 值）；②$K = 1$ 时，重复上述测量并绘图．

（5）研究分压电路特性：①$K = 2$ 时，确定 R_z 和电源电压 E 的值，测 U-X 曲线并在 U 最大和最小处测电压的变化，要求 X 的变化一致（要求测量 10 次 U 值）；②$K = 0.1$ 时，重复上述测量并绘图．

（6）研究二级限流、二级分压电路（可选项）．

思 考 题 六

1. ZX21 型电阻箱的示值为 $9\,563.5\,\Omega$，试计算它的最大允许误差，它的额定电流值，若示值改为 $0.8\,\Omega$，试计算它的最大允许误差？

2. 从制流和分压特性曲线求出电流值（或电压值）近似为线性变化时，滑线电阻的阻值．

4.7　伏安法测电阻

4.7.1　实验目的

（1）学习由测量电压、电流求电阻值的方法（伏安法）及仪表的选择；

（2）学习减小伏安法中系统误差的方法.

4.7.2 实验仪器

伏特计、安培计、检流计、滑线变阻器、直流电流源、待测电阻、开关和导线.

4.7.3 实验原理

如图 4.14 所示，测出通过电阻 R 的电流 I 及电阻 R 两端的电压 U，则根据欧姆定律，可知

$$R = \frac{U}{I}$$

以下讨论此种方法的系统误差问题.

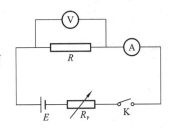

图 4.14　实验电路图

4.7.3.1 测量仪器的选择

在电学实验中，仪表的误差是重要的误差来源，所以要选取适用的仪表.

1）参照电阻器 R 的额定功率确定仪表的量限

设电阻 R 的额定功率为 P，则最大电流

$$I = \sqrt{\frac{P}{R}}$$

为使电流表的指针指向刻度盘的 $\frac{2}{3}$ 处（最佳选择），电流表的量限就为 $\dfrac{I}{\frac{2}{3}}$，即

$$\sqrt{\frac{P}{R}} \times \frac{3}{2}$$

设 $R \approx 100\,\Omega$，$P = \dfrac{1}{8}\,\text{W}$，则 $I = 0.035\,\text{A}$，而 $I \times \dfrac{3}{2} = 0.053\,\text{A}$，所以取量限为 $50\,\text{mA}$ 的毫安表较好.

电阻两端电压为 $U = IR = 3.5\,\text{V}$，而 $U \times \dfrac{3}{2} = 5.3\,\text{V}$，所以取量限 $5\,\text{V}$ 的电压表较好.

2）参照对电阻测量准确度的要求确定仪表的等级

假设要求测量 R 的相对误差不大于某一 E_R，则在一定近似下按合成不确定度公式，可有

$$E_R = \left[\left(\frac{\Delta U}{U} \right)^2 + \left(\frac{\Delta I}{I} \right)^2 \right]^{\frac{1}{2}}$$

按误差等分配原则取

$$\frac{\Delta U}{U} = \frac{\Delta I}{I} = \frac{E_R}{\sqrt{2}}$$

对于准确度等级为 α，量限为 X_{mqx} 的电表，其最大绝对误差为 Δ_{max}，则

$$\Delta_{max} = X_{max} \times \frac{\alpha}{100}$$

电流表的等级 α_I 应满足：

$$\alpha_I \leqslant \frac{E_R}{\sqrt{2}} \times \frac{I}{I_{max}} \times 100$$

电压表的等级 α_V 应满足：

$$\alpha_U \leqslant \frac{E_R}{\sqrt{2}} \times \frac{U}{U_{max}} \times 100$$

对前述实例($I = 0.035$ A，$I_n = 0.05$ A，$U = 3.5$ V，$U_n = 5$ V)，则当要求 $E_R \leqslant 2\%$ 时，必须

$$\alpha_I \leqslant 0.99 \qquad \alpha_V \leqslant 0.99$$

即取 0.5 级的毫安表、电压表较好，取 1.0 也勉强可以.

4.7.3.2　两种联线方法引入的误差

如图 4.15 所示，伏安法有两种连线方法. 内接法 —— 电流表在电压表的里侧；外接法 —— 电流表在电压表的外侧.

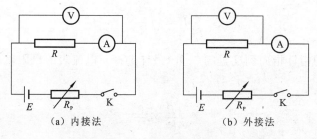

（a）内接法　　　　　　　（b）外接法

图 4.15　伏安法电路图

1）内接法引入的误差

设电流表的内阻为 R_A，回路电流为 I，则电压表测出的电压值

$$U = IR + IR_A = I(R + R_A)$$

即电阻的测量值

$$R_X = R + R_A$$

可见测量值大于实际值，测量的绝对误差为 R_A，相对误差为 $\frac{R_A}{R}$，当 $R_A \ll R$ 时，可用内接法.

2）外接法引入的误差

设电阻 R 中的电流为 I_R，又设电压表中流过电流为 I_V，电压表内阻为 R_V，则电流表中

电流

$$I = I_R + I_V = U\left(\frac{1}{R} + \frac{1}{R_V}\right)$$

因此电阻 R 的测量值 R_X 是

$$R_X = \frac{U}{I} = R \cdot \frac{R_V}{R + R_V}$$

因为 $R_V < (R + R_V)$，所以测量值 R_X 小于实际值 R，测量的相对误差为

$$\frac{R_X - R}{R} = -\frac{R}{R + R_V}$$

式中，负号是由于绝对误差是负值，只有当 $R_V \gg R$ 时才可以用外接法.

4.7.3.3 用补偿法测电压消除外接法的系统误差

图 4.16 所示为用补偿法测电压的电路，分压器 R_1 的滑动端 C 通过检流计 G 和待测电阻 R 的 B 端相接，调 C 点位置使检流计 G 中无电流通过，这时 $U_{AB} = U_{DC}$. 用电压计测出 DC 间电压，它等于电阻 R 两端的电压，而流过电流计中的电流仅是电阻的 I_R 而无电压计的 I_V，于是通过 U_{DC} 与 U_{AB} 的电压补偿，将其电压计由 AB 间移至 DC 间，消除了由于电压计中的电流引入的误差，加入电阻 R_2 是为了使滑动端 C 不在 R_1 的一端.

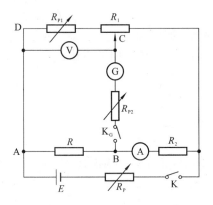

图 4.16　补偿法电路图

4.7.4　实验内容

（1）用内接法和外接法测量两待测电阻的阻值，要求测量的相对不确定度小于 5%. 首先用万用表测一下电阻值，再选取合适的电表去测量. 调节 R_P 使电流由小到大，测量几个不同电流、电压值.

（2）用补偿法去测量（可选）. 参照图 4.16 联接电路，开始测量时先闭合开关 K，调节 R_P 得到合适的电流；其次用万用表测 BC 间电压，调节 R_{P1} 和 C 点位置使 $U_{BC} = 0$，再将 R_{P2}

调到最大(降低检流计灵敏度),闭合 K_G 观察检流计的偏转,调 R_{P1} 和 C 的位置使偏转为零,最后将 R_{P2} 调到最小再检查. 测量几个不同电流值时的电压值.

(3) 绘制上述三种方法测量数据的电压、电流图线,并从直线斜率求出待测电阻值,并计算标准不确定度.

(4) 对比分析上述结果.

思 考 题 七

1. 在此实验中如何确定滑线变阻器的规格?

2. 设计一个测电表内阻的方案(电路及步骤).

4.8　惠斯通电桥测电阻

惠斯通电桥是一种利用比较法精确测量电阻的方法,也是电学中一种很基本的电路连接方式. 惠斯通电桥应用非常广泛,除精确测量电阻外,在各种传感器及测量仪器中还经常会用到非平衡电桥.

4.8.1　实验目的

(1) 掌握惠斯通电桥测电阻的原理;

(2) 学会正确使用使用箱式电桥测电阻的方法;

(3) 了解提高电桥灵敏度的几种途径.

4.8.2　实验仪器

万用电表、滑线变阻器、电阻箱(3 只)、检流计、直流电源、待测电阻(阻值差异较大的 3 只)、箱式电桥、开关和导线.

4.8.2.1　指针式检流计

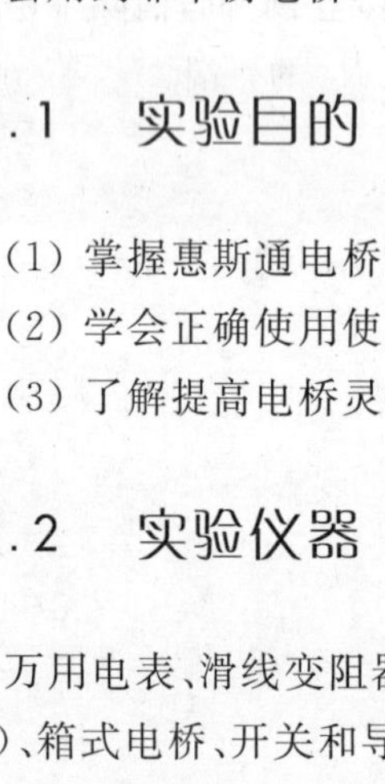

图 4.17　指针式检流计

检流计是一种可检测微小电流的仪器,本实验中用于指示电桥平衡,实验室常用的检流计如图 4.17 所示.

为了避免过大的电流流过检流计而使检流计损坏,在实际使用时常并联一个可变电阻(保护电阻),通过调节保护电阻的大小来控制流过检流计的电流. 在使用检流计时,先将保护电阻置于最小值,在电路调节过程中逐步增大保护电阻的阻值,最后置于最大值,使检流计的指示灵敏度尽可能大.

4.8.2.2　旋转式电阻箱

实验中 R_2, R_3, R_4 均为旋转式电阻箱.

电阻箱是一种数值可调节的精密电阻组件. 它由若干个数值准确的固定电阻元件 (常用高稳定锰铜合金丝绕制) 组合而成, 并借助转盘位置的变换来获得 $0.1 \sim 99\,999.9\,\Omega$ 的各电阻值, 如图 4.18 所示. 实验中所使用的电阻箱为 0.1 级, 在一般条件下该电阻箱所指示的电阻值不超过 4 位有效数字. 在使用电阻箱前, 应先旋转一下各个转盘, 使盘内弹簧触点的接触性能稳定可靠. 使用时的工作电流绝不能超过最大允许值 (电阻箱的额定功率为 0.25 W).

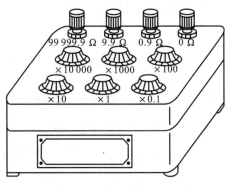

图 4.18　电阻箱

4.8.3　实验原理

4.8.3.1　惠斯通电桥的原理

"电桥" 是很重要的电磁学基本测量仪器之一. 它主要用来测量电阻器的阻值、线圈的电感和电容器的电容及其损耗. 为了适应不同的测量目的, 设计了多种不同功能的电桥. 最简单的单臂电桥, 即惠斯通电桥, 用来精确测量中等阻值 (几十欧姆至几十万欧姆) 的电阻. 此外还有测量低阻值 (几欧姆以下) 的双臂电桥; 测量线圈电感的电感电桥; 测量电容器的电容电桥; 还有既能测量电感又能测量电容及其损耗的交流电桥等. 尽管各种电桥测量的对象不同、构造各异, 但基本原理和设计思想大致相同. 因此, 学习掌握惠斯通电桥的原理不仅能为正确使用单臂电桥, 而且也为分析其他电桥的原理和使用方法奠定基础.

惠斯通电桥的原理如图 4.19 所示, 图中 ab, bc, cd 和 da 这 4 条支路分别由电阻 $R_1(R_x)$, R_2, R_3 和 R_4 组成, 称为电桥

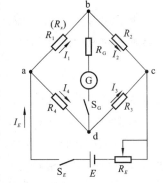

图 4.19　惠斯通电桥原理图

的 4 条桥臂. 通常桥臂 ab 接待测电阻 R_x,其余各臂电阻都是可调节的标准电阻,在 bd 两对角间连接检流计、开关和限流电阻 R_G,在 ac 两对角间连接电源、开关和限流电阻 R_E. 当接通开关 S_E 和 S_G 后,各支路中均有电流流通. 所谓"桥"是指 bd 这一对角线而言.

它的作用是利用检流计 G 将 b,d 两点的电位直接进行比较,适当调整各臂的电阻值,可以使检流计中无电流通过,即 $I_G = 0$. 这时称电桥达到了平衡,平衡时 b,d 两点电位相等. 根据分压器原理可知

$$U_{bc} = U_{ac} \frac{R_2}{R_1 + R_2} \qquad U_{dc} = U_{ac} \frac{R_3}{R_3 + R_4}$$

平衡时 $U_{bc} = U_{dc}$,即

$$\frac{R_2}{R_1 + R_2} = \frac{R_3}{R_3 + R_4}$$

整理化简后得到

$$R_1 = \frac{R_2}{R_3} R_4 = R_x$$

由上式可知,待测电阻 R_x 等于 $\frac{R_2}{R_3}$ 与 R_4 的乘积. 通常称 R_2,R_3 为比例臂,与此相应的 R_4 为比较臂. 所以电桥由 4 臂(测量臂、比较臂和比例臂)、检流计和电源三部分组成. 与检流计串联的限流电阻 R_G 和开关 S_G 都是为了在调节电桥平衡时保护检流计,不使其在长时间内有较大电流通过而设置的.

4.8.3.2 惠斯通电桥的灵敏度

在用天平称质量是已知,测得质量的精密度主要决定于天平的灵敏度. 天平的灵敏度在正常情况下,与天平的最小分度值保持一致. 与此相似,使用电桥测量电阻时的精密度也主要取决于电桥的灵敏度. 当电桥平衡时,若使比较臂 R_4,改变一微小量 ΔR_4,电桥将偏离平衡,检流计偏转 n 个格,则常用如下的相对灵敏度 S 表示电桥灵敏度:

$$S = \frac{n}{\dfrac{\Delta R_4}{R_4}}$$

由上式可知,如果检流计的可分辨偏转量为 Δn(取 $0.2 \sim 0.5$ 格),则由电桥灵敏度引入被测量的相对误差为

$$\frac{\Delta R}{R} = \frac{\Delta n}{S}$$

即电桥的灵敏度越高(S 越大),由灵敏度引入的误差越小.

实验和理论都已证明,电桥的灵敏度与下面诸因素有关:

(1)与检流计的电流灵敏度 S_i 成正比. 但是 S_i 值大,电桥就不易稳定,平衡调节比较困难;S_i 值小,测量精确度低. 因此选用适当灵敏度的检流计是很重要的.

(2)与电源的电动势 E 成正比.

(3)与电源的内阻 R 内和串联的限流电阻 R_E 有关,增加 R_E 可以降低电桥的灵敏度,

这对寻找电桥调节平衡的规律较为有利. 随着平衡逐渐趋近, R_E 值应适当减到最小值.

（4）与检流计和电源所接的位置有关. 当 $R_G > R$ 内 $+ R_E$, 又 $R_1 > R_3$, $R_2 > R_4$ 或者 $R_1 < R_3$, $R_2 < R_4$, 那么检流计接在 bd 两点比接在 ac 两点时的电桥灵敏度来得高. 当 $R_G < R$ 内 $+ R_E$, 又满足 $R_1 > R_3$, $R_2 > R_4$ 或者 $R_1 < R_3$, $R_2 < R_4$ 的条件, 那么与上述接法相反的桥路, 灵敏度可更高些.

（5）与检流计的内阻有关, R 内越小, 电桥的灵敏度 S 越高, 反之则低.

4.8.4　实验内容

4.8.4.1　用电阻箱、检流计组成惠斯通电桥测量电阻

参照图 4.19 用三个电阻箱和检流计组成一电桥, 测量时, 先用万用电表测一下阻值（粗测）, 用电桥进行测量时, 为便于调节应先将电阻 R_G 和 R_E 取最大值, 比例臂 R_2 和 R_3 不宜取得很小, 可取 $R_2 = R_3 = 500\ \Omega$. 连接待测电阻 R_x, 取 R_4 等于 R_x 粗测值, 按开关 S_E 和 S_G, 观察检流计指针偏转方向和大小, 改变 R_4 再观察, 根据观察的情况正确调整 R_4, 直至检流计指针无偏转, 逐渐减小 R_G 和 R_E 值再调节 R_4, 其次, 将 R_2 和 R_3 交换后再测（换臂测量）.

当 R_x 大于 R_4 的最大值时, 则取 $\dfrac{R_2}{R_3} = 10$ 或 100 去测量, 当测得的 R_4 的有效位数不足时, 可以取 $\dfrac{R_2}{R_3} = 0.1$ 或 0.01. 测量三个待测电阻的阻值, 并估计其不确定度.

4.8.4.2　测量电桥的相对灵敏度

$$S = \frac{n}{\dfrac{\Delta R_4}{R_4}}$$

参照式拟定测量步骤.

4.8.4.3　参照下列要求进行探索并记录结果

（1）R_G 和 R_E 取最小和最大时的差别；
（2）R_2, R_3 取 $5\,000\ \Omega$ 或 $50\ \Omega$ 时的情况；
（3）对调检流计和电源的位置时的情况；
（4）使用箱式电桥测量.

测量标称值相同的商品电阻的阻值, 数量不少于 15 个, 求出其平均值及标准偏差, 检查是否有次品.

4.8.5　选做内容

试设计一个实验, 用直流电桥测定电表的内阻（注意电表所能允许通过的最大电流）.

提示:根据电桥平衡的特点,将桥路中的检流计去掉,而利用待测电表来判别电桥的平衡.

思 考 题 八

1. 桥路平衡的条件是什么?

2. 中学实验里用滑线电桥测量待测电阻值,它平衡的条件是什么?滑块在什么位置时,测量精度最高?为什么?

3. 为什么用电桥测量待测电阻前,先要用万用电表进行粗测?

4. 箱式电桥中比例臂的倍率值选取的原则是什么?

5. 要测量电桥的灵敏度?

6. 根据电阻箱组装电桥的测试结果,说明电桥的灵敏度与哪些因素有关?

7. 怎样消除比例臂两只电阻不准确相等所造成的系统误差?

8. 改变电源极性对结果有什么影响?为什么箱式电桥没有这样的附加装置?

9. 可否用电桥来测量电流表(微安表、毫安表、安培表)的内阻?测量的精度主要取决于什么?为什么?

10. 电桥的灵敏度是否越高越好?为什么?

4.9　万用表的设计制作与定标

4.9.1　实验目的

(1)掌握万用电表的基本原理和设计方法;

(2)学会万用电表的制作与定标;

(3)在万用电表的使用中理解电表的接入误差.

4.9.2　实验仪器

表头(50 μA 或 100 μA)、直流稳压电源(电池)、直流电压表、电流表、电阻箱、交流电源、各种电阻(包括电位器)、交流电压表、电路插件板、万用电表、导线.

4.9.3　实验原理

4.9.3.1　万用电表的功能

万用电表是一种多功能、多量程的电学仪表,它可测量直流电流、直流和交流电压、电阻,有的还能检测晶体管的某些特性,由于其功能多,携带方便,是电路故障检查的常用仪表.其结构主要由一只磁电式微安表头、测量电路和转换开关三部分组成.本实验在设计制作中仅限于直流电流,交、直流电压和欧姆挡几种功能上.

以上几种功能如独立设计是很简单的,如图 4.20 所示. 直流电流挡的设计就是计算分流电阻,直流电压挡的设计就是计算分压电阻,交流电压挡的设计先要将交流通过二极管整流,变为直流后,仍然计算分压电阻. 它们均属于无源电路,欧姆挡属于有源电路,它是直流电压挡加直流电源,当在此欧姆挡两端 A,B 接入电阻 R_x 时,表头指针将偏转,且偏转的多少与 R_x 之值有关,由此测量出 R_x 的大小. 当 A,B 短接,表针满偏,即通过表头的电流为最大,表盘刻度为零欧,形成与电流、电压的反标度.

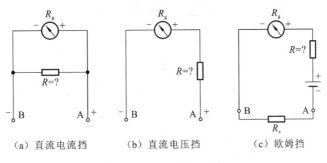

（a）直流电流挡　　　　（b）直流电压挡　　　　（c）欧姆挡

图 4.20　万甲表功能

实用万用电表不是各独立功能电路的简单组合,而是从减少元件简化电路的角度综合设计的.

4.9.3.2　接入误差

万用电表在使用时才接入电路,而不是固联在电路中,故应考虑接入电路后对电路的影响,即由此而带来的测量误差 —— 接入误差.

例如对图 4.21 电路,当 A,B 间不接电压表时,其电压

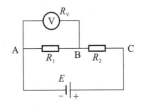

图 4.21　电压表接入电路

$$U_{AB} = \frac{R_{1E}}{R_1 + R_2}$$

当 AB 间并入电压表时,由于电压内阻 R_V 的影响,使电路中的电流分配发生变化.

电压表测得的电压

$$U'_{AB} = \frac{\dfrac{R_1 R_V E}{R_1 + R_V}}{\dfrac{R_1 R_V}{R_1 + R_V} + R_2}$$

所以因 R_V 的接入而造成的误差为

$$\frac{\Delta U}{U'_{AB}} = \frac{U_{AB} - U'_{AB}}{U'_{AB}} = \frac{1}{R_V} \frac{R_1 R_2}{R_1 + R_2}$$

称为接入误差. 由图 4.21 可知,$\dfrac{R_1 R_2}{R_1 + R_2}$ 正是从电压表的接入点 A,B 看进去的等效电阻

（求等效电阻时,电源视为短路）,记 $R_{等效}$,故接入误差:

$$\frac{\Delta U}{U'_{AB}} = \frac{R_{等效}}{R_V}$$

利用上式可对侧量值 U'_{AB} 进行修正,同时从上式看出:若要减小电压的接入误差,即要电压表的内阻足够大. 数字式电表的内阻一般都很大,接入误差可忽略. 类似地,用万用电表的电流档去测量电流,也存在接入误差. 其接入的相等误差不难得

$$\frac{\Delta I}{I'_{AB}} = \frac{R_A}{R_{等效}}$$

要减小这一接入误差,应采用内阻尽可能小的电表.

4.9.3.3　万用电表的使用

1）准备

（1）认清电表的面板和刻度;

（2）根据待测量的类别（电流、电压、电阻）及大小,将功能开关置于相应的位置（若不知被侧量的大小可先采用最大量程试测,然后置于合适量程）;

（3）接好表笔（正极插入红表笔）.

2）测电压

测量电压（或电流）时,注意:

（1）万用电表测电流时,应将电流挡串入被测电路,测电压时,应将电压挡与被测对象并联;

（2）电流从红笔进,黑表笔流出;正极接红表笔. 负极接黑表笔;

（3）测量过程中,手不能接触表笔的金属部分;

（4）测试时采用跃接法,即在表笔接触测量点的瞬间,观察表针的偏转,如无异常,方可进行测量、读数.

3）测电阻

测量电阻时,注意:

（1）每次换挡,都要进行调零,即两表笔短接,调节电位器使指针处于 $0\ \Omega$ 处;

（2）不得测量带电电阻和额定电流极小的电阻;

（3）测量时,待测电阻不得与其他元件构成闭合回路;

（4）用毕万用电表,要将功能选择开关旋至最大直流电压挡,切忌停在欧姆挡!

4.9.4　实验内容

（1）按图 4.22 在插件板上插好元件;

（2）用万用表欧姆挡测各元件的阻值；

（3）加 5 V 电压（要用万用表校），测各阻值上之分电压；

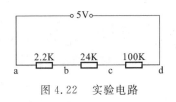
图 4.22　实验电路

（4）计算各阻值上电压的接入相对误差；

（5）测量交流电压.

思 考 题 九

1. 欧姆表的中心阻值如何确定?要减小或增大中心电阻应如何解决?

2. 为何欧姆表要设调零电阻 R_T?如何去计算它的阻值?

3. 画出测表头内阻的电路图.

4. 用万用电表的 50 mA 电流挡去测 50 V 电压将会产生什么后果?为什么?

5. 用万用电表的欧姆挡能否测量电源内阻或灵敏电流计（检流计）内阻?为什么?

6. 如何用万用电表检测回路中的电阻值?

4.10　示波器原理及使用

4.10.1　实验目的

（1）了解通用示波器的结构和工作原理；

（2）掌握各个旋钮的作用和使用方法；

（3）学会用示波器观察波形、测量电压、频率和位相差.

4.10.2　实验仪器

通用示波器、音频信号发生器、函数发生器、移相器、毫伏表.

4.10.3　实验原理

示波器是用途广泛的电磁测量的电子仪器，主要观察波形（电信号对时间的变化关系）、测量电压、频率和相位差，而凡是能将其物理量转换成电信号的，均可在示波器上直接观测.

4.10.3.1　示波器的结构

示波器的种类很多，但结构原理基本相同，它主要由示波管、控制电路和电源电路组成.

1）示波管

它是示波器的核心部件,由一个抽成高度真空的玻璃壳,内部有电子枪及荧光屏(S)等组成.

电子枪用以产生定向高速电子流. 由灯丝(H)、阴极(K)、栅极(G)、第一阳极(A_1)、第二阳极(A_2)组成.

灯丝通过电流,加热阴极,并在阴极表面逸出大量电子. 电子受到第一阳极电场力的作用,穿过栅极的中心小孔,形成电子束,栅极电位对阴极电位为负值. 因此,调节栅极对阴极电压大小,就可控制阴极发射电子束的强度,直到使电子发射截止,所以栅极又叫控制极. 仪器面板上的辉度(＊)调节旋钮,就是调节栅压的,同时栅压和第一阳极电压产生的电位空间分布,使电子在栅极附近形成一个最小截面,即聚焦点,并在第二阳极作用下被加速,并又发散,调节聚焦电位器,使电子束再次会聚,并在第二阳极作用下,电子继续被加速,其速度可达 107 m/s 数量级,达到并轰击荧光屏,形成一个亮斑.

在示波管内,对称于轴线设置了两对相互垂直的偏转板:一对为垂直偏转板(YY),或称 Y 轴;另一对为水平偏转板(XX),或称 X 轴. 如果在偏转板上加电压,通过偏转板中心轴线的电子束,将发生偏转,在荧光屏平面上光点将发生位移,位移的距离与加在偏转板上的电压成正比,如果只在水平偏转板上加电压,电子束将发生水平方向的偏转,光点将发生水平位移,如果只在垂直偏转板上加电压,电子束将发生垂直方向的偏转,光点发生垂直位移,若偏转板上不加电压(或等电位),电子束线将不发生偏转,光点居荧光屏中央,若被测信号加在垂直偏转板上,同时在水平偏转板加一锯齿波变化的扫描电压,荧光屏上将会不失真的显示出被测信号的波形.

荧光屏在示波器大头端内壁,涂有一层荧光物质,形成荧光屏,它受到电子轰击而产生发光亮点,光点颜色视荧光物不同而异.

2）控制电路组成及其作用

示波器内部电路主要有扫描电路,同步、水平、垂直轴放大器,电源电路.

(1) X 轴输入放大、衰减电路,Y 轴放大、衰减电路,其作用是将输入的小信号放大,大信号衰减,以便在荧光屏上观测.

(2) 扫描与整步(同步)电路,扫描电路是一个锯齿波发生器,它产生一个周期性的线形变化电压,即锯齿波电压,用以扫描 Y 轴输入信号,显示出 Y 轴输入信号的真实波形,整步(同步)控制电路,是为了观察到稳定的波形,要求每次扫描起点的相位,应等于前次扫描终点的相位,或者说,要求扫描电压的周期为被测电压周期 T_Y 的 n 倍($n = 1,2,3,\cdots$).

(3) 电源电路包括低压电源电路和高压电源电路,低压电源供给示波器各工作电路电压,高压电源电路供给示波管各极电压.

(4) 标准信号电路是指水平时基扫描系统电路,在通过水平放大器放大并校准后的扫描电压作为时基信号馈加于示波管的 X 偏转板,使加于垂直偏转板间的被测信号按时基变化的波形图像,在屏上显示出来,便于进行观察.

4.10.3.2 示波原理(扫描原理)

示波器能真实地显示 Y 轴输入信号随时间变化规律的波形,是因为机内有锯齿波发生器,即扫描电压作用于 X 轴偏转板,扫描分线性扫描电压,即锯齿波扫描电压,和非线性扫描电压,当 Y 轴加入正弦信号后,与 X 轴偏转板电压(线性)合成如图 4.23 所示的不失真的 Y 轴正弦波形.

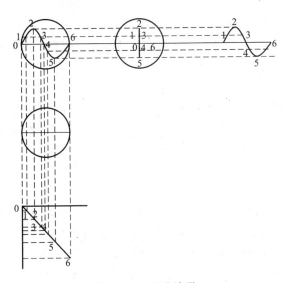

图 4.23 正弦波形

1) 线形扫描原理

(1) 当 X,Y 轴偏转板电压 $U_X = 0$,$U_Y = 0$ 时,从电子枪发射出来的电子束线,将打在荧光屏中央,就形成一个亮点.

(2) 当 $U_X > 0$,$U_Y = 0$ 时,电子束将受到电场力作用,向正极板偏转,光点将由荧光屏中央移动到右边;当 $U_X < 0$,$U_Y = 0$ 时,则光点移到荧光屏左边,当 U_X 为一正负交替变换的电压,且交替频率较高时,在荧光屏上呈现一条水平亮线.

(3) 当 $U_Y > 0$,$U_X = 0$ 时,则光点向上移动;当 $U_Y < 0$,$U_X = 0$ 时,则光点向下移动.同样,当 U_Y 为一正负交替变化的电压,且频率较高时,在荧光屏上仅呈现出一条垂直的亮线. 光点在荧光屏上偏转的距离,与加在偏转板上的电压 $U_X(U_Y)$ 成正比.

(4) 若在 Y 轴加正弦波电压($U_Y = \varepsilon\sin\omega t$),同时在 X 轴加一个对时间按周期性变化的线性电压,即锯齿波电压. 如图 4.23 所示,这时电子束线同时受到两个相互垂直的力的作用,即光点的移动受到两个力的共同控制,利用对应点描图的方法,可得到光点移动的轨迹. 从而如实地显示被测信号的波形,如图 4.23 所示,它是对被测波形,在一个周期内进行线性扫描的情况,在较高频率下进行反复扫描,荧光屏上将呈现一条清晰的正弦曲线.

完成一个波形扫描的瞬间,光点立刻反跳回原点,并形成一条亮线,称为回扫线,这段时间很短,线比较暗,有的示波器采取措施将其消除,叫做抹迹.

2) 波形(图形)稳定的条件

为了便于观测,荧光屏上波形必须稳定,那么线性扫描电压必须对被测信号反复扫描,使其不断地显示在荧光屏上,为此,必须满足:

(1) $f_Y = nf_X$

(2) 被测信号每次被扫描的起始位相恒定.

为满足稳定条件,必须从输入信号中取出同步信号,来强制扫描发生器的工作频率.

4.10.3.3　示波器的使用

示波器的种类较多,性能差异也较大.下面以 ST16 通用示波器为依据进行叙述,如所用示波器型号不同,但要求内容相同,操作也基本类似,并可参照相应的说明书进行.

1) 观察波形

使用示波器前将各旋钮置于左右可调的中间位置,然后接通电源,预热约 1 分钟,Y 轴输入耦合置于"AC",将 2.0 V 交流电压待测信号接入"Y"轴,"X"轴"+,−,EXTX"于"+","INT,TV,EXT"于内(INT),触发电平"LEVEL"顺时针旋到位(关断),使扫描自动触发,这样,在荧光屏将出现不稳定波形、并调节亮度"＊",聚焦"0",辅助聚焦"0"旋纽,使波形亮度适中,线型最细,并调节"Y"轴 $\dfrac{v}{div}$ 挡级和 X 轴 $\dfrac{t}{div}$ 挡级,并逆时针旋转电平"LEVEL",使之得到大小位置适中且图形稳定的 2～3 个完全波形.

2) 电压的测量

(1) 直流电压测量."Y"输入耦合置于"AC"(仪器的地电位),电平旋钮旋至自动触发,使屏上出现一条横扫亮线,按被测信号的幅度选择 $\dfrac{v}{div}$ 适当挡级,调"Y"轴,使扫描基线位于屏的水平中线(OV);然后将"Y"耦合置于"DC",将被测信号直接或由经 10:1 衰减探头输入"Y"轴插座,调电平"LEVEL"使波形稳定,根据信号在"Y"方向的位移即可读(或算)出信号的直流分量值和交流电压分量.

(2) 交流电压的测量."Y"轴输入耦合选择置于"AC",$\dfrac{v}{div}$、$\dfrac{t}{div}$ 根据幅度和频率选择适当挡级,X,Y轴增益置校准位置,将被测信号由"Y"轴输入,调节"电平"(LEVEL)使波形稳定;根据屏上的坐标,读出信号的峰-峰值为 $\dfrac{v}{div}$,如 $\dfrac{V}{div}$ 标称值为 $\dfrac{0.1}{div}$.则被测信号的峰-峰值应为

$$V_{\text{P-P}} = \frac{0.1\,\text{V}}{\text{div}} = DV$$

则有效值

$$V = \frac{DV}{2\sqrt{2}}$$

3）频率（周期）的测量

（1）测量前应将 X 轴增幅旋钮置于校准位置，即可对被测信号波形周期进行定量测量，由周期的倒数算出频率. 例如由某信号波形测得周期 $T = 4\,\mu\text{S}$，则频率

$$f = \frac{1}{T} = \frac{1}{4 \times 10^{-6}} = 0.25 \times 10^{6} = 250\,(\text{kHz})$$

（2）借助已知频率信号发生器，利用李萨如图形测出未知信号频率. 其步骤如下：
① 将被测信号 $f(y)$ 输入 Y 轴插座，将已知信号频率 $f(x)$ 输入外接 EXTX 轴；② 根据屏上显示的李萨如图形的比值以及已知信号频率 $f(x)$ 计算被测信号的频率值 $f(y)$. 图 4.24 所示为 Y 轴和 X 轴均输入正弦波的李萨如图形，图中比是 $f(y) = nf(x)$，$f(y) = f(x)$，$f(y) = \frac{f(x)}{2}$，$f(y) = \frac{f(x)}{3}$. 一般计算公式为

$$\frac{f(y)}{f(x)} = \frac{\text{对 X 轴切点数}}{\text{对 Y 轴切点数}} = n$$

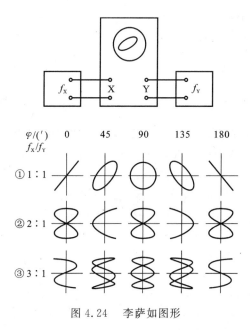

图 4.24 李萨如图形

4）相位差的测量

相位差的测量在许多场合下，可利用示波器作李萨如图形测量某一网络的相移. 例

如要测量正弦波通过放大器后的滞后相位角. 根据李萨如图形可以计算出两正弦信号相位差. 令

$$y = A\sin\omega t \qquad x = B\sin(\omega t + \phi)$$

则 y 与 x 的相位差为 ϕ, 假定波形在 X 轴上的截距为 $2x_0$, 则对 X 轴上的 P 点 $y = A\sin\omega t$ 因而有 $\omega t = 0$, 所以 $x_0 = B\sin(\omega t + \phi)$, 则

$$\phi = \arcsin x \qquad\qquad (4.8)$$

4.10.4　实验内容

4.10.4.1　观察波形

调节低频信号发生器, 频率为几十 Hz、几百 Hz、几千 Hz 和几百 kHz、并用毫伏表测量其输入电压 2.0 V, 经 Y 轴输入示波器, 置触发信号开关为 "+" 和触发信号源开关为 "INT", 调节示波器有关旋钮, 观察其正弦波形; 再将函数发生器输出接入 "Y" 轴, 观察其上三种波形, 在观察波形时, 应有目的的调节示波器使荧光屏出现一个、二个、三个稳定完整的波形.

4.10.4.2　测量交流电压

(1) 测量上述 2.0 V 电压的正弦波形, 并读出 VP-P 值, (Ddiv × Vdiv − 1), 换算成有效值, 与毫伏表测量值比较.

(2) 测量一节干电池的直流电压.

4.10.4.3　测量频率

(1) 调节示波器 "扫描速率 $\dfrac{t}{\text{div}}$", 测量信号发生器的上述输入信号的周期, 并计算出频率值 (Ddiv × Vdiv − 1), 与信号发生器 (或频率计) 指示值比较.

(2) 校准以函数发生器为标准频率, 作李萨如图形校准以上低频信号发生器频率.

(3) 利用李萨如图形测量移相器相位差. 图 4.25 所示为移相器的构造, R_z 可改变 U_{OA} 与 U_{OD} 的相位差 p 值, 但不改变 U_{OA} 与 U_{OD} 的幅度, 当 $R_z = 0$ 时, U_{OA} 与 U_{OD} 的相差 180 度; 当 R_2 足够大, U_{OA} 与 U_{OD} 相等时, 即 D 点顺时针转到 A 点时, U_{OA} 与 U_{OD} 同位相. 因此 ϕ 值可变化从 $0° \sim 180°$ 附近.

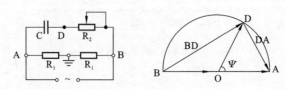

图 4.25　移相器的线路和矢量图

将示波器接地端钮与移相器O点相连;Y轴和X轴输入端分别与A和D相连,适当调节Y轴和X轴的旋钮$\left(\dfrac{v}{div}, \dfrac{t}{div}\right)$就可看到稳定的李萨如图形.根据式(4.8)计算不同的相位差.

上述各项测量记录于自拟表格中.

思 考 题 十

1. 简述示波器的构造及各部分的作用.

2. 试在示波器荧屏上得到下列图像:

(1) 一个亮点,一个光斑;

(2) 一条水平亮线;

(3) 一条竖直亮线;

(4) 一个50 Hz的正弦波形;

调节步骤是什么?

3. 简述示波器为什么能真实地显示输入信号的波形.

4. 根据你所用的示波器如何测量交流信号的有效值和频率?

5. 波形稳定的条件是什么?如何调节示波器有关旋钮,使波形稳定?

6. 怎样利用李萨如图形测正弦信号的频率?

7. 根据扫描原理画出$f_Y = 3f_X$,$f_Y = \dfrac{1}{3f_X}$的正弦波图形.

8. 总结示波器的正确操作方法.

4.11　薄透镜焦距的测定

4.11.1　实验目的

(1) 掌握光路调整的基本方法;

(2) 掌握测量薄会聚透镜和发散透镜焦距的方法;

(3) 验证透镜成像公式,并从感性上了解透镜成像公式的近似性.

4.11.2　实验仪器

CXJ-1型光具座、底座及支架、薄凸透镜、薄凹透镜、平面镜、物屏(可调狭缝组、有透光箭头的铁皮屏或一字针组)、像屏(白色,有散射光的作用).

4.11.3　实验原理

透镜的厚度相对透镜表面的曲率半径可以忽略时,称为薄透镜.薄透镜的近轴光线

成像公式为

$$\frac{1}{s} + \frac{1}{s'} = \frac{1}{f'} \tag{4.9}$$

式中,s 为物距;s' 为像距;f' 为像方焦距. 其符号实物与实像时取正,虚物与虚像时取负;f 为透镜焦距,凸透镜取正,凹透镜取负.

4.11.3.1　凸透镜焦距的测量原理

1）自准直法

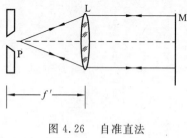

如图 4.26 所示,当以狭缝光源 P 作为物放在透镜 L 的第一焦平面上时,由 P 发出的光经透镜 L 后将形成平行光. 如果在透镜后面放一个与透镜光轴垂直的平面反射镜 M,则平行光经 M 反射,将沿着原来的路线反方向进行,并成像在狭缝平面上. 狭缝 P 与透镜 L 之间的距离,就是透镜的焦距 f'. 这个方法是利用调节实验装置本身,使之产生平行光以达到调焦的目的,所以称自准直法.

图 4.26　自准直法

2）用实物成实像求焦距

如图 4.27 所示,用实物作为光源,其发出的光线经会聚透镜后,在一定条件下成实像,可用白屏接取实像加以观察,通过测定物距和像距,利用式(4.9)即可算出焦距.

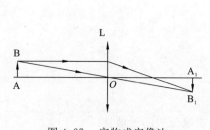

图 4.27　实物成实像法

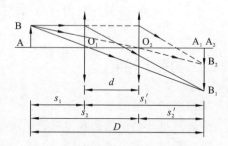

图 4.28　共轭法

3）共轭法

如图 4.28 所示,如果物屏与像屏的距离 D 保持不变,且 $D > 4f$,在物屏与像屏间移动凸透镜,可两次成像. 当凸透镜移至 O_1 处时,屏上得到一个倒立放大实像 A_1B_1,当凸透镜移至 O_2 处时,屏上得到一个倒立缩小实像 A_2B_2,由图 4.28 可知,透镜在 O_1 处时:

$$\frac{1}{s} + \frac{1}{s'} = \frac{1}{f'} \qquad \frac{1}{s_1} + \frac{1}{D - s_1} = \frac{1}{f'}$$

透镜移至 O_2 处时:

$$\frac{1}{s_2} + \frac{1}{s_2'} = \frac{1}{f'} \qquad \frac{1}{s_1 + d} + \frac{1}{D - s_1 - d} = \frac{1}{f'}$$

由此可得

$$f' = \frac{D^2 - d^2}{4D}$$

测出 D 和 d，即可求得焦距.

4.11.3.2   凹透镜焦距的测量原理

利用虚物成实像求焦距. 如图 4.29 所示，先用凸透镜 L_1 使 AB 成实像 A_1B_1，像 A_1B_1 便可视为凹透镜 L_2 的物体（虚物）所在位置，然后将凹透镜 L_2 放于 L_1 和 A_1B_1 之间，如果 $\overline{O_1A_1} < |f_2|$，则通过 L_1 的光束经 L_2 折射后，仍能形成一实像 A_2B_2. 物距 $s = \overline{O_2A_1}$，像距 $s' = \overline{O_2A_2}$，代入式（4.9），可得凹透镜焦距.

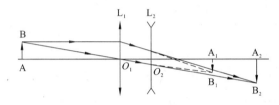

图 4.29   虚物成实像法

4.11.4   实验内容

4.11.4.1   光路调整

由于应用薄透镜成像公式时，需要满足近轴光线条件，因此必须使各光学元件调节到同轴，并使该轴与光具座的导轨平行，"共轴等高"调节分两步完成：

（1）目测粗调. 把光源、物屏、透镜和像屏依次装好，先将它们靠拢，使各元件中心大致等高在一条直线上，并使物屏、透镜、像屏的平面互相平行.

（2）细调. 利用共轭法调整，参看图 4.27，固定物屏和像屏的位置，使 $D > 4f$，在物屏与像屏间移动凸透镜，可得一大一小两次成像. 若两个像的中心重合，即表示已经共轴；若不重合，可先在小像中心作一记号，调节透镜的高度使大像的中心与小像的中心重合. 如此反复调节透镜高度，使大像的中心趋向小像中心（大像追小像），直至完全重合.

4.11.4.2   凸透镜焦距的测量

由于实验中要人为地判断成像的清晰，考虑到人眼判断成像清晰的误差较大，常采用左右逼近测读法测定屏或透镜的位置，即从左至右移动屏或透镜，直至在物屏或像屏上看到清晰的像，这就是左右逼近测读法.

1）自准直法

参看图 4.26,平面镜靠在凸透镜后,固定物屏位置,采用左右逼近测读法测定透镜位置,即从左至右移动透镜,直至在物屏上看到与物大小相同的清晰倒像,记录此时透镜的位置;再从右至左移动透镜,直至在物屏上看到与物大小相同的清晰倒像,记录此时透镜的位置.重复三次.记录透镜的位置,计算焦距.

物屏	透镜	f/cm

2）用实物成实像法

参看图 4.27,将物屏、透镜固定在导轨上,间距大于焦距(可利用自准法数据),利用左右逼近测读法,从左至右移动像屏找到清晰的图像,再从右至左移动像屏,找到清晰的图像,重复三次.记录此时物屏、透镜、像屏的位置,计算焦距.

物屏	透镜	像屏	s/cm	s'/cm	f/cm

3）共轭法

参看图 4.28,固定物屏和像屏的位置,使 $D > 4f$(可利用自准法数据),采用左右逼近测读法分别测定凸透镜在像屏上成一大一小两次像的位置,重复三次,计算焦距.

4.11.4.3　凹透镜焦距的测量(虚物成实像法)

参看图 4.29 安置好光源、物屏、凸透镜和像屏,使像屏上形成缩小清晰的像,用左右逼近测读法测定像屏的位置,同时固定物屏和凸透镜.

在凸透镜和像屏之间放入凹透镜,移动像屏,直至像屏上出现清晰的像,用左右逼近测读法测定像屏的位置,并记录凹透镜的位置,重复三次,计算凹透镜的焦距.注意符号.

A_1B_1 位置 /cm	A_2B_2 位置 /cm	L_2 位置 /cm	s/cm	s'/cm	f/cm

4.11.5 注意事项

(1) 在使用仪器时要轻拿、轻放,勿使仪器受到震动和磨损;

(2) 调整仪器时,应严格按各种仪器的使用规则进行,仔细地调节观察,冷静地分析思考,切勿急躁;

(3) 任何时候都不能用手去接触玻璃仪器的光学面,以免在光学面上留下痕迹,使成像模糊或无法成像,如必须用手拿玻璃仪器部件时,只准拿毛面,如透镜四周,棱镜的上、下底面,平面镜的边缘等;

(4) 当光学表面有污痕或手迹时,对于非镀膜表面可用清洁的擦镜纸轻轻擦拭,或用脱脂棉蘸擦镜水擦拭. 对于镀膜面上的污痕则必须请专职教师处理.

思考题十一

1. 为什么要调节光学系统共轴?调节共轴有那些要求?怎样调节?

2. 为什么实验中常用白屏作为成像的光屏?可否用黑屏、透明平玻璃、毛玻璃,为什么?

3. 为什么实物经会聚透镜两次成像时,必须使物体与像屏之间的距离 D 大于透镜焦距的 4 倍?实验中如果 D 选择不当,对 f' 的测量有何影响?

4. 在薄透镜成像的高斯公式中,s, s', f 在具体应用时其正、负号如何规定?

4.12　固体液体折射率的测定

4.12.1　实验目的

(1) 掌握利用显微镜测量透明固体和液体折射率的基本原理;

(2) 了解阿贝计的工作原理及使用方法,并用阿贝计测水和酒精的折射率;

(3) 了解测量显微镜的结构和使用方法,主要包括读数方法和调焦方法;

(4) 掌握像似深度法测透明介质折射率的原理的方法,并用读数显微镜测出水和玻璃砖的折射率;

(5) 了解折射极限法的测量原理,掌握出射极角的测量.

4.12.2　实验仪器

(1) WZS-1 型阿贝折射计(上海光仪厂)及待测液体;

(2) 读数显微镜,梯形玻璃砖,平底烧杯(150 ml),游标卡尺,胶木板和铝板等目的物;

(3) JJY-1 型分光计,钠光灯,主用直角棱镜,辅用等边三棱镜,待测液体;

(4) 照明光源,物屏,透镜,待测液体,平面镜,培养皿.

4.12.3　实验原理

折射率是透明物质的一个重要的物理参数,它反映了物质的基本光学性质.物质的折射率不但与它的分子结构和光线的波长有关,而且与物质的密度、温度、压力等因素有关.实际工作中有时也需要通过测量折射率来反求物质的密度、浓度等.实验所用仪器主要是测量显微镜,使用显微镜准确确定待测位置,通过显微镜上的读数机构进行定量测量.测量折射率的基本方法是利用光的折射原理.实验主要目的是学会一种测量物质折射率的方法.

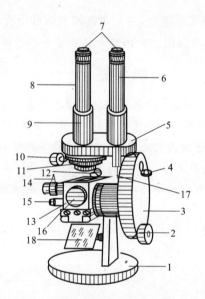

图 4.30　国产 2W(WZS-1) 型阿贝折射仪

1. 底座；2. 棱镜转动手轮；3. 圆盘组、内有刻度；4. 小反光镜；5. 支架；6. 读数镜筒；7. 目镜；
8. 望远镜筒；9. 示值调节螺钉；10. 阿米西棱镜手轮；11. 色散值刻度圈；12. 棱镜锁紧扳手；
13. 棱镜组；14. 温度计座；15. 恒温器接头；16. 保护罩；17. 主轴；18. 反光镜

4.12.3.1　阿贝计

根据全反射原理制成,采用掠入射法测透明物质折射率.

$$n = \sin A \sqrt{N^2 - \sin^2 \phi} - \cos A \sin \phi$$

式中,n 为棱镜的折射率；A 为主棱镜的顶角.通过测量 ϕ 值可直接读出折射率 n 值.

4.12.3.2　像似深度法

$$n = \frac{s}{S'} = \frac{t_1}{t_2} = \frac{t_1}{t_1 - \Delta t}$$

式中,玻璃砖厚度 t_1 用卡尺测；Δt 由对物体测量得 h_1,加玻璃砖后测量得到 h_2,即

$$\Delta t = \mid h_2 - h_1 \mid$$

同样,水 Δt 可由对物调焦测出 h_1,加水再调焦测出 h_2,即

$$\Delta t = \mid h_2 - h_1 \mid$$

其中,t_1 可由在水中放一小纸片,对其调焦测出 h_3 得到,即 $t_1 = \mid h_3 - h_1 \mid$.

4.12.3.3　极限角法

明暗视场的分界线是入射角 $i = 90°$ 的掠入射光线对应的出射极限方向.

当 $i < 90°$ 时,此光线的出射光形成明亮的视场;

当 $i > 90°$ 时,此光线的出射光形成阴暗的视场.

条件:(1) 待测液体折射率 $n < N$(主棱镜的折射率);

(2) 主棱镜的折射率 N 可用最小偏向角法先给测出,其顶角 A 一般取 $90°$.

当 $A = 90°$,

$$n = \sin A \sqrt{N^2 - \sin^2 \phi}$$

当 $A \neq 90°$,

$$n = \sin A \sqrt{N^2 - \sin^2 \phi} \mp \cos A \sin \phi$$

注:出射光线在法线左侧时取"$-$";出射光线在法线右侧时取"$+$".

4.12.3.4　密接法

通过单透镜及透镜组的焦距求待测液体折射率.

透镜制造公式:

$$\frac{1}{f'} = (n-1) \left(\frac{1}{r_1} - \frac{1}{r_2} \right)$$

透镜组合公式:

$$\frac{1}{F_X} = \frac{1}{f'_1} + \frac{1}{f'_2}$$

S 面为透镜焦平面,焦平面上物点发出的光经透镜折射成平行光束,被底面平面镜反射后仍为平行光束,再经透镜折射后成像于 S 平面的 Q 处.

$$f' = D - \frac{d}{2}$$

测定液体的折射率:因为

$$\frac{1}{f'_X} = (n_X - 1) \left(\frac{1}{r_{X_1}} - \frac{1}{r_{X_2}} \right) \qquad \frac{1}{f'_Y} = (n_Y - 1) \left(\frac{1}{r_{Y_1}} - \frac{1}{r_{Y_2}} \right)$$

又,两透镜完全一样,即

$$r_{X_1} = r_{Y_1} \qquad r_{X_2} = r_{Y_2}$$

所以

$$\frac{f'_Y}{f'_X} = (n_X - 1)(n_Y - 1)$$

则

$$n_X = \frac{(n_Y - 1)f'_Y}{f'_X} + 1$$

视双凸固体透镜与平凹液体透镜为一透镜组. 设 $f_1 = f_X$，已知折射率为 n_X 液体的平凹透镜；$f_2 = f_L$ 双凸透镜的焦距，则，组合后，可有

$$\frac{1}{f'_X} = \frac{1}{F_X} - \frac{1}{f'_L} \qquad \frac{1}{f'_Y} = \frac{1}{F_Y} - \frac{1}{f'_L}$$

所以

$$\frac{f'_Y}{f'_X} = \frac{\dfrac{1}{F_X} - \dfrac{1}{f'_L}}{\dfrac{1}{F_Y} - \dfrac{1}{f'_L}}$$

即

$$n_X = \frac{1 + (n_Y - 1)\left(\dfrac{1}{F_X} - \dfrac{1}{f'_L}\right)}{\dfrac{1}{F_Y} - \dfrac{1}{f'_L}}$$

式中，n_X 为待测液体折射率；n_Y 为已知的液体折射率；f'_L 为双凸透镜的焦距，可由自准直法测出；F_X，F_Y 为组合透镜的焦距，也可由自准直法测量出来.

4.12.4　实验内容

4.12.4.1　用阿贝计测液体折射率

滴入液体，调节反光镜，使视场均匀明亮；转动棱镜调节手轮，把望远镜（在右边）叉丝对准明暗视场的分界线；旋转阿米西手轮，消除色差，便可在读数镜筒（在右边）中读出 n_X 值.

4.12.4.2　用像似深度法测量固、液体的折射率

（1）测水的折射率. 先测目的物记 h_1，再加水后测目的物记 h_2，对浮在水面上的小纸片调焦，看清后记 h_3.

$$n = \frac{t_1}{t_1 - \Delta t}$$

$$t_1 = h_3 - h_1$$

$$\Delta t = h_2 - h_1$$

（2）测玻璃砖的折射率. 测目的物记 h_1，加玻璃砖后测目的物记 h_2；用游标卡尺测出玻璃砖厚度 t_1.

$$n = \frac{t_1}{t_1 - \Delta t}$$

$$\Delta t = h_2 - h_1$$

4.12.4.3　用极限法测折射率

（1）用最小偏向角法测主折射棱镜折射率 N，且测出棱镜顶角 A.

（2）布置仪器：① 光源和仪器等高；② 滴入待测液体于两棱镜之中，使其均匀分布其间；③ 开启钠灯，使其靠近辅助棱镜；④ 用眼睛在光束出射方向直接寻找半明半暗的视场分界线；⑤ 将分光计带整个棱镜载物台（及棱镜）相对于光源朝某一方向移动（此方向应是辅助棱镜上的光照加强的方向，切忌使主棱镜上的光照加强），当明暗分界线不移动时，把棱镜台固定起来.

（3）用望远镜测出极限角的出射光束位置角.

4.12.4.4　用密接法测液体的折射率

（1）先用自准法测出 f_L, f_X, f_Y；

（2）记下已知液体的折射 n_X.

思考题十二

1. 测量固体玻璃折射率时，测量厚玻璃片好还是薄玻璃片好？

2. 测量液体水折射率时，烧杯中水多一点好还是少一点好？

3. 另外设计一种方法，用分光计和三棱镜来测量玻璃的折射率，或者利用迈克耳孙干涉仪测透明介质的折射率.

5 综合性物理实验

综合性实验，是指同一个实验中涉及力学、热学、电磁学、光学、近代物理等多个知识领域，综合应用多种方法和技术的实验. 此类实验的目的是巩固学生在基础性实验阶段的学习成果，开阔学生的眼界和思路，提高学生对实验方法和实验技术的综合运用能力.

5.1 动量守恒定律的验证

5.1.1 实验目的

(1) 进一步熟悉气垫导轨及光电计系统的使用方法；
(2) 验证动量守恒定律；
(3) 了解非完全弹性碰撞和完全非弹性碰撞的特点.

5.1.2 实验仪器

气垫导轨、小滑块、光电门、气泵、计时计数测速仪、尼龙胶带.

5.1.3 实验原理

当两滑块在水平的导轨上做直线对心碰撞时，除碰撞瞬间受彼此相互作用的内力外，在运动过程中所受的阻力可忽略不计. 根据动量守恒定律，两滑块在碰撞前后水平方向的动量守恒.

设如图 5.1 所示，滑块 1 和滑块 2 的质量分别为 m_1 和 m_2，碰撞前的速度分别为 v_{10} 和 v_{20}，碰撞后的速度为 v_1 和 v_2，则根据动量守恒定律有

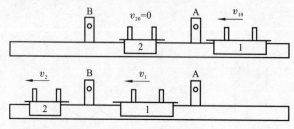

图 5.1　滑块碰撞

$$m_1 v_{10} + m_2 v_{20} = m_1 v_1 + m_2 v_2$$

定义恢复系数

$$e = \frac{v_2 - v_1}{v_{10} - v_{20}}$$

当 $e = 1$ 时为完全弹性碰撞；当 $e = 0$ 时为完全非弹性碰撞. 一般的，$0 < e < 1$ 为非完全弹性碰撞.

5.1.3.1　非完全弹性碰撞

令 $m_1 > m_2$，将 m_2 置于两光电门之间，为简单起见取 $v_{20} = 0$，推动滑块 1 以速度 v_{10} 去撞滑块 2，撞后的速度分别为 v_1 和 v_2 则

$$m_1 v_{10} = m_1 v_1 + m_2 v_2$$

碰撞前后的动能变化为

$$\Delta E_k = \frac{1}{2}(m_1 v_1^2 + m_2 v_2^2) - \frac{1}{2} m_1 v_{10}^2$$

5.1.3.2　完全非弹性碰撞

同样令 $m_1 > m_2$，将 m_2 置于两光电门之间，取 $v_{20} = 0$，推动滑块 1 以速度 v_{10} 去撞滑块 2，撞后的两滑块粘在一起以共同速度 v_2 运动，则

$$m_1 v_{10} = (m_1 + m_2) v_2$$

碰撞前后的动能变化为

$$\Delta E_k = \frac{1}{2}(m_1 + m_2) v_2^2 - \frac{1}{2} m_1 v_{10}^2$$

5.1.4　实验内容

(1) 取两个滑块，装上碰撞弹片、挡光片和尼龙搭扣，用天平称出其质量 m_1 和 m_2.

(2) 用酒精擦拭导轨及滑块内表面，检查导轨是否通气良好，用细钢丝将堵塞的小孔疏通，并调平导轨.

(3) 调平导轨，检查光电计时系统.

(4) 非完全弹性碰撞. 调整滑块的碰撞弹片，保证对心碰撞. 适当安置光电门的位置（两光电门相距大约 60 cm），推动滑块 1 以速度 v_{10} 去撞滑块 2，顺次测出两滑块通过光电门的速度 v_{10}, v_1 和 v_2. 重复测量 $6 \sim 10$ 次.

(5) 完全非弹性碰撞. 推动滑块 1 以速度 v_{10} 去撞滑块 2，利用滑块两端的尼龙搭扣使碰撞后的两滑块粘在一起以运动，测出碰撞前后的速度 v_{10} 和 v_2. 重复测量 $6 \sim 10$ 次.

(6) 由碰撞前后的速度计算恢复系数和碰撞前后的动量比值，并和理论计算结果比较.

(7) 由碰撞前后的速度计算碰撞后的能量损失，将两种碰撞的情况进行比较.

5.1.5　选做内容

(1) 气桌上的平面碰撞实验，验证两个方向的动量守恒定律；

（2）改用一般的非弹性碰撞器按步骤 2 ～ 6 重做 6 次，求出恢复系数和碰撞时能量损失.

5.1.6　注意事项

（1）m_1 的初速度不要过大，以免引起滑块振动产生误差，并使多次碰撞的初速度不要相差太大；

（2）滑块通过第二个光电门后应将滑块制动，以免撞坏导轨两端的堵头和弹片；

（3）实验时应关闭窗户或电扇，以减小风等因素对测量的影响.

思 考 题 一

1. 如果碰撞后的动量总是大于碰撞前的动量呢？

2. 为什么取 $m_1 > m_2$ 进行碰撞，而不是 $m_1 < m_2$？

3. 如果取 $m_1 = m_2$，$v_{20} = 0$，并且认为 $v_1 = 0$，将给结果引入多大的误差？

5.2　三线摆法测转动惯量

5.2.1　实验目的

（1）掌握用三线摆法测量物体的转动惯量的原理和方法；

（2）加深对转动惯量概念的理解，明确物体的转动惯量与其质量分布及转轴位置之间的关系；

（3）验证转动惯量的平行轴定理；

（4）学习用激光光电传感器精确测量三线摆扭转运动的周期.

5.2.2　实验仪器

新型转动惯量测定仪平台、米尺、游标卡尺、计数计时仪、水平仪，样品为圆盘、圆环及圆柱体三种.

5.2.3　实验原理

三线摆是将一个匀质圆盘，以等长的三条细线对称地悬挂在一个水平的小圆盘下面构成的. 每个圆盘的三个悬点均构成一个等边三角形. 如图 5.2 所示，当底圆盘 B 调成水平，三线等长时，B 盘可以绕垂直于它并通过两盘中心的轴线 O_1O_2 作扭转摆动，扭转的周期与下圆盘（包括其上物体）的转动惯量有关，三线摆法正是通过测量它的扭转周期去求已知质量物体的转动惯量.

当摆角很小,三悬线很长且等长,悬线张力相等,上下圆盘平行,且只绕 O_1O_2 轴扭转的条件下,下圆盘 B 对 O_1O_2 轴的转动惯量

$$J_0 = \frac{m_0 g R r}{4\pi^2 H} T_0^2 \tag{5.1}$$

式中,m_0 为下圆盘 B 的质量;r 和 R 分别为上圆盘 A 和下圆盘 B 上线的悬点到各自圆心 O_1 和 O_2 的距离(注意 r 和 R 不是圆盘的半径);H 为两盘之间的垂直距离;T_0 为下圆盘扭转的周期.

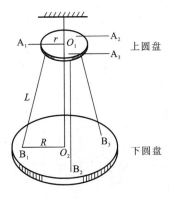

图 5.2　三线摆

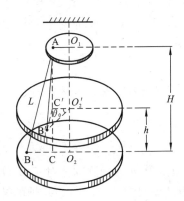

图 5.3　转动惯量的推导

式 (5.1) 的推导过程如下:设下圆盘的质量为 m_0,以小角度作扭转振动时,它沿 O_1O_2 轴线上升的高度 h,如图 5.3 所示,则势能为

$$E_p = m_0 g h$$

当圆盘回到平衡位置时,它具有动能为

$$E_k = \frac{1}{2} J_0 \omega_0^2$$

式中,J_0 为下圆盘对于通过其质心且垂直于盘面的 O_1O_2 轴的转动惯量;ω_0 为回到平衡位置时角速度. 略去摩擦力,按机械能守恒定律

$$\frac{1}{2} J_0 \omega_0^2 = m_0 g h$$

把下圆盘小角度扭转振动作为简谐振动,圆盘的角位移 θ 与时间 t 的关系为

$$\theta = \theta_0 \sin \frac{2\pi}{T_0} t$$

而

$$\omega = \frac{\mathrm{d}\theta}{\mathrm{d}t} = \frac{2\pi}{T_0} \theta_0 \cos \frac{2\pi}{T_0} t$$

在通过平衡位置时,$\omega_0 = \frac{2\pi}{T_0} \theta_0$,于是

$$\frac{1}{2} J_0 \left(\frac{2\pi}{T_0} \theta_0 \right)^2 = m_0 g h \tag{5.2}$$

设悬线长度 $\overline{AB} = L$，上下圆盘悬点到中心的距离分别为 r 和 R. 对应角振幅 θ_0，下圆盘轴向上移高度

$$h = O_2O_2' = \overline{AC} - \overline{AC'} = \frac{\overline{AC}^2 - \overline{AC'}^2}{\overline{AC} + \overline{AC'}}$$

$$AC^2 = AB^2 - BC^2 = L^2 - (R - r)^2$$

$$AC' = AB_{2'}^2 - B'C'^2 = L^2 - (R^2 + r^2 - 2Rr\cos\theta_0)$$

所以

$$h = \frac{2Rr(1 - \cos\theta_0)}{H + (H - h)} = \frac{4Rr\sin^2(\theta_0/2)}{2H - h}$$

由于 θ_0 很小，$\sin^2\dfrac{\theta_0}{2} \approx \dfrac{1}{4}\theta_0^2$，$h \ll 2H$，则得

$$h = \frac{Rr\theta_0^2}{2H}$$

代入式(5.2)并经整理，得到表达式为

$$J_0 = \frac{m_0 g R r}{4\pi^2 H}T_0^2$$

此即式(5.1).

若测量质量为 m 的待测物体对于 O_1O_2 轴的转动惯量 J，只需将待测物体置于圆盘上，设此时扭转周期为 T，对于 O_1O_2 轴的转动惯量

$$J_1 = J + J_0 = \frac{(m + m_0)gRr}{4\pi^2 H}T^2$$

于是得到待测物体对于 O_1O_2 轴的转动惯量为

$$J = \frac{(m + m_0)gRr}{4\pi^2 H}T^2 - J_0 \tag{5.3}$$

上式表明，各物体对同一转轴的转动惯量具有相叠加的关系，这是三线摆方法的优点. 为了将测量值和理论值比较，安置待测物体时，要使其质心恰好和下圆盘 B 的轴心重合.

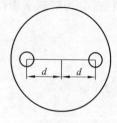

图 5.4　对称放置圆柱体

本实验还可验证平行轴定理. 如把一个已知质量的圆柱体放在下圆盘中心，质心在 O_1O_2 轴，测得其转动惯量为 J_2；然后把其质心移动距离 d，为了不使下圆盘倾翻，用两个完全相同的圆柱体对称地放在圆盘上，如图 5.4 所示. 设两圆柱体质心离开 O_1O_2 轴距离均为 d(即两圆柱体的质心间距为 $2d$)时，对于 O_1O_2 轴的转动惯量为 J_3，设一个圆柱体质量为 m，则由平行轴定理可得

$$md^2 = \frac{J_3}{2} - J_2 \tag{5.4}$$

由此测得的 d 值和用长度器实测的值比较，在实验误差允许范围内两者相符的话，就验证了转动惯量的平行轴定理.

为了尽可能消除下圆盘的扭转振动之外的运动,三线摆仪上圆盘 A 可方便地绕 O_1O_2 轴作水平转动. 测量时,先使下圆盘静止,然后转动上圆盘,通过三条等长悬线的张力使下圆盘随着作单纯的扭转振动.

5.2.4　实验内容

5.2.4.1　测量悬盘(下圆盘)绕 O_1O_2 轴的转动惯量 J_0

(1) 调节启摆盘(上圆盘)和悬盘水平:借助水平仪的帮助,通过调节底脚螺钉,使启摆盘水平(水平仪气泡在正中心);再通过调三线长度,使下悬盘水平.

(2) 测定仪器常量 $L,R,r(m_0$ 给定或用天平称出质量),R 和 r 由实验室给出,或通过测三悬点构成的等边三角形的边长 a,b 来测定,按图 5.5 所示可得

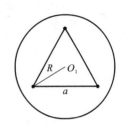

$$R = \frac{\sqrt{3}}{3}a, \qquad r = \frac{\sqrt{3}}{3}b.$$

(3) 测定悬盘绕 O_1O_2 轴的摆动周期 T_0,先使悬盘保持静止,再略微转动启摆盘,凭借线的张力,使悬盘往复振动. 待悬盘进入稳定摆动状态后,用计数计时仪测出其往复摆动 20 次所用的时间,重复测量三次,取周期平均值 $\overline{T}_0$.

图 5.5　悬点等边三角形

(4) 将所有数据代入公式(5.1),求出悬盘的转动惯量 J_0,将它和理论值进行比较. 圆盘(或圆柱体)理论值公式为

$$J = \frac{1}{8}mD^2$$

式中,D 为直径;圆环理论值公式为

$$J = \frac{1}{8}m(D_{内}^2 + D_{外}^2)$$

5.2.4.2　测量待测物体(圆环、圆盘或圆柱体)绕中心轴的转动惯量 J

(1) 将待测物放在悬盘上,使其质心对准悬盘中心.

(2) 重复 5.2.4.1 的步骤(3),测出系统的振动周期 $\overline{T}_1$,利用公式(5.3)求出待测物的转动惯量 J,将它和理论值进行比较.

5.2.4.3　验证平行轴定理

(1) 利用实验内容 2 中的方法测出两个同样圆柱体中的一个圆柱体的转动惯量 J_2.

(2) 将两个直径为 D 的圆柱体放置在悬盘上,使它们的间距为 $2d$,如图 5.4 所示,d 为圆柱体中心轴线与转轴间距离,两圆柱体中心连线通过转轴. 测得 J_3,按式(5.4)计算 md^2 值,并与理论值进行比较.

5.2.5 测量举例

表 5.1 各周期的测定

测量项目		悬盘质量 $M_0 = 615.53$ g	圆环质量 $M_1 = 235.05$ g	两圆柱体总质量 $2M_2 = 239.85$ g	圆盘质量 $M_3 = 221.35$ g
摆动周期数 n		20	20	20	20
20 周期时间 t/s	1	36.793	34.900	34.656	34.269
	2	36.750	34.901	34.631	34.321
	3	36.809	34.870	34.652	34.271
	4	36.743	34.910	34.673	34.325
	5	36.789	34.891	34.667	34.285
平均值 $\bar{t}$/s		36.777	34.894	34.656	34.294
平均周期 $T_i = \bar{t}/n$		$T_0 = 1.8388$ s	$T_1 = 1.7447$ s	$T_2 = 1.7328$ s	$T_3 = 1.7147$ s

表 5.2 上、下圆盘几何参数及其间距

测量项目		D/cm	H/cm	a/cm	b/cm	$R = \dfrac{\sqrt{3}}{3}\bar{a}$/cm	$r = \dfrac{\sqrt{3}}{3}\bar{b}$/cm
次数	1	16.792	57.70	13.82	5.25	7.979	3.025
	2	16.790	57.68	13.80	5.24		
	3	16.794	57.69	13.83	5.23		
平均值		16.792	57.69	13.82	5.24		

表 5.3 圆环、圆柱体几何参数

测量项目		$D_内$/cm	$D_外$/cm	$D_盘$/cm	$D_{小柱}$/cm	$D_槽$/cm	$2d = D_槽 - D_{小柱}$/cm
次数	1	6.004	12.016	11.996	2.999	11.99	8.99
	2	6.006	12.018	11.997	3.000		
	3	6.004	12.016	11.996	3.001		
平均值		6.005	12.017	11.996	3.000		

5.2.5.1 实验计算得转动惯量值

$$J_0 = \frac{gRr}{4\pi^2 H} M_0 T_0^2$$

$$= \frac{979.4 \times 7.979 \times 3.025}{4\pi^2 \times 57.69} \times 615.53 \times 1.8388^2$$

$$= 2.160 \times 10^4 \,(\text{g} \cdot \text{cm}^2) = 2.160 \times 10^{-3} \,(\text{kg} \cdot \text{m}^2)$$

$$J_1 = \frac{gRr}{4\pi^2 H}(M_0 + M_1)T_1^2$$

$$= \frac{979.4 \times 7.979 \times 3.025}{4\pi^2 \times 57.69} \times (615.53 + 235.05) \times 1.7447^2$$

$$= 2.688 \times 10^4 (\mathrm{g \cdot cm^2}) = 2.688 \times 10^{-3} (\mathrm{kg \cdot m^2})$$

$$J_2 = \frac{gRr}{4\pi^2 H}(M_0 + 2M_2)T_2^2$$

$$= \frac{979.4 \times 7.979 \times 3.025}{4\pi^2 \times 57.69} \times (615.53 + 239.85) \times 1.7328^2$$

$$= 2.666 \times 10^4 (\mathrm{g \cdot cm^2}) = 2.666 \times 10^{-3} (\mathrm{kg \cdot m^2})$$

$$J_3 = \frac{gRr}{4\pi^2 H}(M_0 + M_3)T_3^2$$

$$= \frac{979.4 \times 7.979 \times 3.025}{4\pi^2 \times 57.69} \times (615.53 + 221.35) \times 1.7147^2$$

$$= 2.554 \times 10^4 (\mathrm{g \cdot cm^2}) = 2.554 \times 10^{-3} (\mathrm{kg \cdot m^2})$$

$$J_{M1} = J_1 - J_0$$

$$= 2.688 \times 10^{-3} - 2.160 \times 10^{-3} = 0.528 \times 10^{-3} (\mathrm{kg \cdot m^2})$$

$$J_{M2} = \frac{J_2 - J_0}{2}$$

$$= \frac{2.666 \times 10^{-3} - 2.160 \times 10^{-3}}{2} = 0.253 \times 10^{-3} (\mathrm{kg \cdot m^2})$$

$$J_{M3} = J_3 - J_0$$

$$= 2.554 \times 10^{-3} - 2.160 \times 10^{-3} = 0.394 \times 10^{-3} (\mathrm{kg \cdot m^2})$$

5.2.5.2 理论计算值

$$J_0' = \frac{1}{8}M_0 D_1^2$$

$$= \frac{1}{8} \times 615.53 \times 16.792^2$$

$$= 2.170 \times 10^4 (\mathrm{g \cdot cm^2}) = 2.170 \times 10^{-3} (\mathrm{kg \cdot m^2})$$

$$J_{M1}' = \frac{1}{8}M(D_{内}^2 + D_{外}^2)$$

$$= \frac{1}{8} \times 235.05 \times (6.005^2 + 12.017^2)$$

$$= 0.530 \times 10^4 (\mathrm{g \cdot cm^2})$$

$$= 0.530 \times 10^{-3} (\mathrm{kg \cdot m^2})$$

$$J_{M2}' = \frac{1}{8} \times M_2 D_{小柱}^2 + M_2 d^2$$

$$= \frac{1}{8} \times \frac{239.85}{2} \times 3.000^2 + \frac{239.85}{2} \times \left(\frac{8.99}{2}\right)^2$$

$$= 0.256 \times 10^4 (\mathrm{g \cdot cm^2}) = 0.256 \times 10^{-3} (\mathrm{kg \cdot m^2})$$

$$J'_{M3} = \frac{1}{8} \times M_3 \times D^2_{大柱}$$

$$= \frac{1}{8} \times 221.35 \times 11.996^2$$

$$= 0.398 \times 10^{-3} (\text{kg} \cdot \text{m}^2)$$

5.2.5.3　误差分析

下悬盘误差：

$$\frac{\left| J'_0 - J_0 \right|}{J'_0} = \frac{2.170 - 2.160}{2.170} = 0.5\%$$

圆环误差：

$$\frac{\left| J'_{M1} - J_{M1} \right|}{J'_{M1}} = \frac{0.530 - 0.528}{0.530} = 0.4\%$$

小圆柱误差：

$$\frac{\left| J'_{M2} - J_{M2} \right|}{J'_{M2}} = \frac{0.256 - 0.253}{0.256} = 1.2\%$$

圆盘误差：

$$\frac{\left| J'_{M3} - J_{M3} \right|}{J'_{M3}} = \frac{0.398 - 0.394}{0.398} = 1.0\%$$

5.2.6　注意事项

(1) 在三线摆起振前，一定注意要保持下盘静止；

(2) 三线摆振动的角度要小于 $5°$；

(3) 在测量上下盘之间的高度时，注意不要将钢尺压在下盘上，这样测出的高度会偏大.

思 考 题 二

1. 试分析式 5.1 成立的条件. 实验中应如何保证待测物转轴始终和 O_1O_2 轴重合？

2. 用三线摆测一圆环的转动惯量，若放置时偏离了转轴，则测出结果是偏大？还是偏小或不一定？试用实验验证一下.

3. 将待测物体放到下圆盘（中心一致）测量转动惯量，其周期 T 一定比只有下圆盘时大吗？为什么？

4. 三线摆经什么位置开始计时误差最小？为什么？

5.3　伸长法测量杨氏模量

杨氏模量是工程材料的重要参数，它是描述金属材料抵抗形变能力的物理量，杨氏模量越大,材料越不易发生变形.杨氏模量是选定机械构件材料的依据之一,在工程实际中有着重要的意义.

本实验采用拉伸法测量金属丝的杨氏模量,实验的关键是要测出金属丝的微小形变,这里采用光杠杆法来测量.

5.3.1　实验目的

(1) 掌握光杠杆测量微小长度变化的原理和方法,测定金属丝的杨氏模量;
(2) 训练正确地调节系统的能力;
(3) 学会用逐差法进行数据处理的方法.

5.3.2　实验仪器

杨氏模量测定仪、望远镜光杠杆镜尺组、游标卡尺、千分尺、钢卷尺、砝码若干.

杨氏模量测定仪装置如图5.6所示,金属丝4的上端固定于支架5上,下端装有一个卡环,环上可以挂砝码钩(图中未画出),1为中间有一小孔的圆柱体,金属丝4可以从中间穿过.实验时应将圆柱体一端用螺旋卡头夹紧,使其能随金属线的伸缩而移动.2是一个固定平台,可沿两立柱上下移动,中间开有一圆孔,孔径略大于圆柱体1的外径,圆柱体1可以在孔中自由地上下移动.光杠杆3的前足至于平台的沟槽内,后足放在圆柱体1的上端,望远镜7和标尺6是测量伸长量 ΔL 用的测量装置.

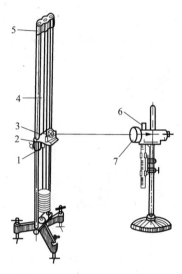

图 5.6　杨氏模量仪器装置图
1.带小孔圆柱体;2.固定平台;3.光杠杆;
4.金属丝;5.支架;6.标尺;7.望远镜

当砝码钩上增加(或减少)砝码时,金属丝将伸长(或缩短)ΔL,光杠杆3的后单足也随圆柱体1一起下降(或上升),使主杆转过一角度.

5.3.3　实验原理

5.3.3.1　材料的杨氏模量

设一根均匀钢丝原长为 L,截面积为 S,沿长度方向施加拉力 F 后,钢丝的伸长量为 ΔL.根据胡克定律,在弹性限度内,钢丝的相对伸长量 $\dfrac{\Delta L}{L}$(应变)与单位截面积上的受力 $\dfrac{F}{S}$(应力)成正比,两者的比值为

$$E = \frac{\dfrac{F}{S}}{\dfrac{\Delta L}{L}} \tag{5.5}$$

称为金属丝的弹性模量,也称杨氏模量,单位是 Pa.

实验证明,杨氏模量是表征固体性质的一个物理量,只决定于物体的材料,与外力 F,物体长度 L 和载面积 S 的大小无关.根据式(5.5),只要测出有关各量后,便可算出杨氏模量.其中 F,L 和 S 可用一般的方法测得,而对于微小伸长量 ΔL,难以使用一般的工具进行精确的测量.为此,我们采用光杠杆法来测 ΔL.

5.3.3.2　利用光杠杆法测量微小长度变化量

光杠杆是由 T 形足架和平面全反射小镜组成,如图 5.7 所示,T 型足架尖脚到前足(或支架刀口)间的距离和镜面倾角均可调.测量时还须配上望远镜、尺子,如图 5.8 所示.测量时,光杠杆前足(或支架刀口)置于杨氏模量仪固定平台上的沟槽内,后单足置于夹钢丝的圆柱体上.

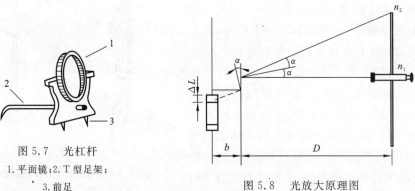

图 5.7　光杠杆
1.平面镜;2.T 型足架;
3.前足

图 5.8　光放大原理图

设开始时光杠杆的镜面处于竖直状态,从望远镜中看到的标尺读数为 n_1.实验中光杠杆的前足固定,而后足的支撑点(夹钢丝的圆柱体)由于外力作用而改变微小高度 ΔL,即钢丝的伸长量,则光杠杆就会改变一个微小角度 α,其镜面法线亦随之后仰 α 角,则镜面上的入射线与反射线之夹角亦相应地改变 2α 角度,此时在望远镜中观察到的标尺的刻度示值由 n_1 变为 n_2.根据图 5.7 中的几何关系可知

$$\tan\alpha = \frac{\Delta L}{b} \qquad \tan2\alpha = \frac{n_2 - n_1}{D} = \frac{\Delta n}{D}$$

式中,b 是光杠杆前后足之间的距离;D 是光杠杆镜面与直尺之间的距离.

由于 $\Delta L \ll b$,α 很小,有 $\tan\alpha \approx \alpha$,$\tan2\alpha \approx 2\alpha$.所以

$$\alpha = \frac{\Delta L}{b} \tag{5.6}$$

$$2\alpha = \frac{\Delta n}{D} \tag{5.7}$$

由式(5.6)、式(5.7)消去 α,得

$$\Delta L = \frac{b}{2D}\Delta n \tag{5.8}$$

可见,利用光杠杆装置测量微小变化量的实质是:将微小长度的变化量 ΔL 转变为微小角度的变化 α,经尺读望远镜转变为刻度尺上较大范围的读数变化量 Δn,实现了对微小变化量的测量.$2D/b$ 则是光杠杆的放大倍数.

将钢丝的横截面积 $S = \pi d^2/4$ 和式(5.8)代入式(5.5),得杨氏模量公式:

$$E = \frac{8FLD}{\pi d^2 b \Delta n} \tag{5.9}$$

式中,d 为金属丝的直径;F 是一个砝码对应的拉力.

5.3.4　实验内容

5.3.4.1　仪器调整

(1) 调节杨氏模量测定仪支架底部的三个螺钉(见图5.6),使带小孔圆柱体与固定平台脱离接触(金属丝铅直)处于自由悬挂状态.

(2) 在金属丝下端钩码上加上初始砝码,拉直金属丝.

(3) 粗调光杠杆及望远镜尺组.调整光杠杆的臂长,使光杠杆的前足置于沟槽内,后足尖放在圆柱体上.粗调平面镜镜面使之与平台垂直,再调节望远镜镜筒水平且与平面镜等高.移动望远镜,使望远镜标尺组位于平面镜正前方约 $1.5 \sim 2\,\mathrm{m}$ 处,沿望远镜外准星方向在平面镜中寻找标尺的像.

(4) 调节目镜看清十字叉丝.

(5) 通过望远镜观察标尺的像,如看不清楚或看不到标尺,可以调整望远镜物镜的调焦手轮和望远镜仰俯角螺丝,直至在望远镜内观察到标尺.如果望远镜的视场中标尺的像的上部或下部模糊,则可能是望远镜不在水平位置,适当调整望远镜仰俯角螺丝,使视场中的标尺上下部分的像均很清楚.仔细调节物镜,消除叉丝横线与直尺刻线间的视差.

5.3.4.2　测量

(1) 微动平面镜与望远镜倾角螺钉,使与水平叉丝重合的标尺刻度与小镜面基本等高,并记下起始刻度值 n_0.

(2) 按顺序增加砝码(轻放),每次增加一个砝码,待砝码稳定后,逐次记录下标尺刻度 $n_1, n_2, \cdots, n_7$;然后,按相反顺序逐个取下砝码,并记录下相应的标尺读数 $n_6', n_5', \cdots, n_0'$.将数据记入表5.4.

(3) 用钢卷尺测出光杠杆镜面到标尺尺面的距离 D 和钢丝的长度 L 各1次.

(4) 用印迹法测出光杠杆后单足到前足连线的垂直距离 b.方法是取下光杠杆,将前足(或支架刀口)和光杠杆尖足印在平整的纸上,用游标卡尺测量光杠杆尖脚到前足(或支架刀口)的距离.

（5）用千分尺在钢丝的上、中、下不同位置测量其直径 d，共测 9 次，将数据记入表 5.5.

5.3.5 测量表格

5.3.5.1 计算对应一个砝码负荷时金属丝的伸长量

表 5.4 标尺示值数据记录表 砝码质量 $m = \underline{\quad\quad}$ g

砝码	标尺读数 /cm		
	n_i（增重）	n_i'（减重）	$\bar{n}_i$（平均）
0			
1			
2			
⋮	⋮	⋮	
7			

（1）计算 $\overline{\Delta n}$ 采用逐差法计算 $\overline{\Delta n}$，即把数据等分成二组，一组是 $\bar{n}_0, \bar{n}_1, \bar{n}_2, \bar{n}_3$，另一组是 $\bar{n}_4, \bar{n}_5, \bar{n}_6, \bar{n}_7$，取相应项的差值得 $\Delta n_1 = \dfrac{\bar{n}_4 - \bar{n}_0}{4}$，$\Delta n_2 = \dfrac{\bar{n}_5 - \bar{n}_1}{4}$，$\Delta n_3 = \dfrac{\bar{n}_6 - \bar{n}_2}{4}$，$\Delta n_4 = \dfrac{\bar{n}_7 - \bar{n}_3}{4}$，则平均值为

$$\overline{\Delta n} = \frac{\Delta n_1 + \Delta n_2 + \Delta n_3 + \Delta n_4}{4}$$

不难看出，逐差法保持了多次测量的优势.

（2）计算 $\overline{\Delta n}$ 的测量不确定度.

分别计算 $\overline{\Delta n}$ 的 A 类不确定度，B 类不确定度和合成不确定度.

5.3.5.2 金属丝直径的测量

表 5.5 金属丝的直径

次数	1	2	3	4	5	6	7	8	9	平均值
d_i/mm										

计算 $\bar{d}$ 的测量不确定度，写出金属丝直径的结果表达式.

5.3.5.3 其他测量及结论

（1）光杠杆镜面到标尺尺面的距离 D 和钢丝的长度 L 的测量（卷尺）.

（2）光杠杆 b 作单次测量（游标卡尺）.

（3）砝码的质量 m 由实验室给出.

(4) 将所得数据代入式(5.9),计算金属丝的杨氏模量 E.

5.3.6　选做内容

用霍尔位移传感器测量杨氏模量.

5.3.7　注意事项

(1) 在测量过程中,要防止光杠杆的三个脚、望远镜及标尺的移动,因此在加减砝码时要轻放轻取;

(2) 用望远镜读数时,叉丝与刻度像之间不应相对移动,如果发现有视差,应微调望远镜目镜的聚焦加以消除;

(3) 注意保护平面镜和望远镜,不能用手触摸镜面;

(4) 待测钢丝不能扭折,如果严重生锈或不直必须更换;

(5) 实验完成后,应将砝码取下,防止钢丝疲劳.

思　考　题　三

1. 材料相同,但粗细长短不同的两根纲丝,它们的杨氏模量是否相同?

2. 光杠杆法有什么优点?怎样提高其测量精度?

3. 什么是逐差法?用逐差法处理数据有什么优点?

4. 本实验测量长度都使用了哪些量具和方法,为什么要分别用这几种量具?

5. 由 E 的相对误差公式分析进一步提高杨氏模量测量精度的途径.

5.4　伏安法测二极管或白炽灯的特性

5.4.1　实验目的

(1) 掌握分压器和限流器的使用方法;

(2) 熟悉测量伏安特性的方法;

(3) 了解二极管和白炽灯的伏安特性,其中二极管的正反向伏安特性不同,白炽灯的正反向特性相同.测量时可任选一种(二极管或白炽灯).

5.4.2　实验仪器

稳压电源、电流表、电压表、滑线变阻器、可变电阻箱、开关、检流计、待测二极管和白炽灯等.

5.4.3　实验原理

二极管的伏安特性可用图 5.9 所示的特性曲线来描绘.

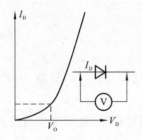

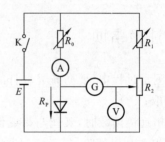

图 5.9　二极管的正向伏安特性　　　　图 5.10　二极管正特性测试线路

测量伏安特性的线路如图 5.10 所示,当检流计 G 指零时,电压表 V 指示着二极管的正向电压值,电流表 A 指示着流过二极管的正向电流.

如果将稳压电源 E 的极性反向连接,按上述相同的方法测量,也可得到 U_D 与 I_D 的许多组数据,但这些数据表征着二极管的反向特性.

5.4.4　实验内容

(1) 按图 5.10 连接电路,并预置 R_0 为最大值,R_1 为最大值,R_2 的输出为 0,注意电表的极性.

(2) 接通电源,注意观察有无异常情况发生,若有则立即切断电源,根据现象检查故障.

(3) 选择 U_D 的值(0.1～0.6 V),对于每种 U_D 值,调节 R_0,使检流计指示为 0,记下电流表的值.

(4) 将图 5.10 中的电源接反 U_D 从 1～9 V,测量反向特性.

(5) 作正、反向特性,求反向饱和电流,验证指数规律.

5.4.5　选做内容

测量白炽灯的伏安特性. 白炽灯的电阻值随着流过的电流产生热而发生变化,为了使供给白炽灯的电流不随它的阻值变化而变化,并且只有当在给定电流后,白炽灯的端电压不发生变化时,即平衡后,才能记下流过的电流和相应的电压值. 在实验中用恒流电源供给待测器件电流. 电压测量部分、接线和稳压电源保持不变,如图 5.10 所示. 白炽灯伏安特性的测试线路,如图 5.11 所示. 图中 I_S 为可调式恒流电源输出的电流,L 为待测的白炽灯.

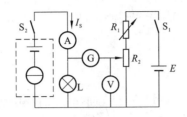

图 5.11 白炽灯伏安特性测试

接通电源 E 和 I_s,注意接线是否可靠,接点接触电阻是否太大影响实验,电表的极性要特别小心.

测量点选择的原则是,电流 I_s 的最大值不超过白炽灯的额定电流值,或者白炽灯的端电压不大于额定电压值. 然后再取电流(或电压)的额定值 1/2,1/4 和 3/4 附近的值进行测试,根据感觉,在数据相对变化较大的区域,适当增加测量点,有些内容属于值得进一步仔细研究的范围,应多次重复,掌握其规律和特点.

将测量到的数据作 V-I 曲线,并进行变换研究,变为线性关系后,要求出相关系数,截距和斜率. 为进一步研究发光规律和应用提供重要的依据.

思 考 题 四

1. 二极管伏安特性的测试线路中,电压表能否直接连在二极管的两个端点?检流计的作用是什么?

2. 接通电源前各预置值选择的原则是什么?

3. 实验中对测量点的选取有什么原则?

4. 二极管正向导通时的正向电压降大致等于多少?反向饱和电流值为多少?

5.5 静电场的描绘

物理模拟是依据一定的物理关系,通过一个物理过程去研究另一个物理过程的研究方法,它本质上是用一种易于实现、便于测量的物理状态或过程模拟不易实现、难于测量的状态或过程,要求这两种状态或过程有一一对应的两组物理量,且满足相似的数学形式及边界条件. 模拟法在生产和科研中得到广泛的应用,例如在实验室内研究天体的运行,风雨、雷电等自然现象、河流中泥沙的淤积和洪水的流动,大型建筑物的结构性能等,都可以用模拟法来研究. 随着科技的发展和计算机的应用,模拟法的应用愈来愈广泛.

一组带电电极产生的静电场原则上可以用理论方法进行计算,但实际工作中所遇到的电极形状及电位分布极为复杂,故理论计算相当困难. 当然,也可以用实验方法直接测量静电场,但静电测量的灵敏度较低,只适用于测量很强的电场,而且探测电极的引入会破坏原电场的分布,使测量结果误差很大. 对一个稳定的物理场,若它的微分方程和边界条件一旦确定,其解是唯一的. 两个不同本质的物理场,如果描述它们的微分方程和边界条件相同,则它们的解是一一对应的,由于在一定条件下导电介质中稳恒电流场与静电场服从类似的规律,且稳恒电流场易于实现测量,所以就用稳恒电流场来模拟静电场.

5.5.1　实验目的

本实验用稳恒电流场分别模拟长同轴圆形电缆的静电场、劈尖形电极和聚焦.平行导线形成的静电场以及飞机机翼周围的速度场.具体要求学习用模拟法来测绘具有相同数学形式的物理场.

(1) 描绘出分布曲线及场量的分布特点;

(2) 加深对物理场概念的理解;

(3) 学会用模拟法测量和研究静电场.

5.5.2　实验仪器

GVZ-3 型导电微晶静电场描绘仪,支架采用双层式结构,上层放记录纸,下层放导电微晶.电极已直接制作在导电微晶上,并将电极引线接出到外接线柱上,电极间制作有电导率远小于电极且各项均匀的导电介质.接通直流电源(10 V)就可以进行实验.在导电微晶和记录纸上方各有一探针,通过金属探针臂把两探针固定在同一手柄上,两探针始终保持在同一铅垂线上.移动手柄座时,可保证两探针的运动轨迹是一样的.由导电微晶上方的探针找到待测点后,按一下记录纸上方的探针,在记录纸上留下一个对应的标记.移动同步探针在导电微晶上找出若干电位相同的点,由此即可描绘出等位线.

5.5.3　实验原理

5.5.3.1　模拟长同轴圆柱形电缆的静电场

稳恒电流场与静电场是两种不同性质的场,但是它们两者在一定条件下具有相似的空间分布,即两种场遵守规律在形式上相似,都可以引入电位 U,电场强度 $\boldsymbol{E} = -\nabla U$,都遵守高斯定律.

对于静电场,电场强度 $\boldsymbol{E}$ 在无源区域内满足以下积分关系

$$\oint_s \boldsymbol{E} \cdot \mathrm{d}\boldsymbol{s} = 0 \qquad \oint_c \boldsymbol{E} \cdot \mathrm{d}\boldsymbol{l} = 0$$

对于稳恒电流场,电流密度矢量 $\boldsymbol{j}$ 在无源区域内也满足类似的积分关系

$$\oint_s \boldsymbol{j} \cdot \mathrm{d}\boldsymbol{s} = 0 \qquad \oint_l \boldsymbol{j} \cdot \mathrm{d}\boldsymbol{l} = 0$$

由此可见 $\boldsymbol{E}$ 和 $\boldsymbol{j}$ 在各自区域中满足同样的数学规律.在相同边界条件下,具有相同的解析解.因此,可以用稳恒电流场来模拟静电场.

在模拟的条件上,要保证电极形状一致,电极电位不变,空间介质均匀,在任何一个考

察点,均应有"$U_{稳恒} = U_{静电}$"或"$E_{稳恒} = E_{静电}$".下面就本实验来讨论这种等效性.

1) 同轴电缆及静电场分布

如图 5.12(a) 所示,在真空中有一半径为 r_a 的长圆柱形导体 a 和一内半径 r_b 的长圆筒形导体 b,它们同轴放置,分别带等量异号电荷.由高斯定理知,在垂直于轴线的任一截面 S 内,都有均匀分布的辐射状电场线,这是一个与坐标 Z 无关的二维场.在二维场中,电场强度 E 平行于 XY 平面,其等位面为一簇同轴圆柱面.因此只要研究 S 面上的电场分布即可.

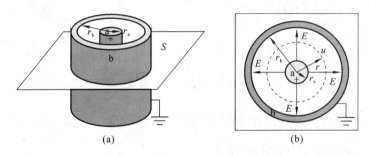

(a)   (b)

图 5.12 同轴电缆及静电场分布

由静电场中的高斯定理可知,距轴线的距离 r 处(见图 5.12(b))的各点电场强度为

$$E = \frac{\lambda}{2\pi\varepsilon_0 r}$$

式中,λ 为柱面每单位长度的电荷量,其电位为

$$U_r = U_a - \int_{r_a}^{r} \boldsymbol{E} \cdot \mathrm{d}\boldsymbol{r} = U_a - \frac{\lambda}{2\pi\varepsilon_0} \ln \frac{r}{r_a}$$

设 $r = r_b$ 时,$U_b = 0$,则有

$$\frac{\lambda}{2\pi\varepsilon_0} = \frac{U_a}{\ln \dfrac{r_b}{r_a}}$$

代入上式,得

$$U_r = U_a \frac{\ln \dfrac{r_b}{r}}{\ln \dfrac{r_b}{r_a}}$$

$$E_r = -\frac{\mathrm{d}U_r}{\mathrm{d}r} = \frac{U_a}{\ln \dfrac{r_b}{r_a}} \cdot \frac{1}{r}$$

2) 同轴圆柱面电极间的电流分布

若上述圆柱形导体 a 与导体 b 之间充满了电导率为 σ 的不良导体,a,b 与电源正负极

相连接,如图 5.13 所示,ab 间将形成径向电流,建立稳恒电流场 E'_r,可以证明不良导体中的电场强度 E'_r 与原真空中的静电场 E_r 是相等的.

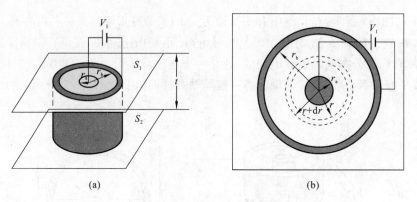

图 5.13　同轴电缆的稳恒电流场模型

取厚度为 t 的圆柱形同轴不良导体片为研究对象,设材料电阻率为 $\rho\left(\rho=\dfrac{1}{\sigma}\right)$,则任意半径 r 到 $r+\mathrm{d}r$ 的圆周间的电阻是

$$\mathrm{d}R = \rho \cdot \frac{\mathrm{d}r}{s} = \rho \cdot \frac{\mathrm{d}r}{2\pi rt} = \frac{\rho}{2\pi t} \cdot \frac{\mathrm{d}r}{r}$$

则半径为 r 到 r_b 之间的圆柱片的电阻为

$$R_{rr_b} = \frac{\rho}{2\pi t} \int_r^{r_b} \frac{\mathrm{d}r}{r} = \frac{\rho}{2\pi t} \ln \frac{r_b}{r}$$

总电阻为(半径 r_a 到 r_b 之间圆柱片的电阻)

$$R_{r_a r_b} = \frac{\rho}{2\pi t} \ln \frac{r_b}{r_a}$$

设 $U_b = 0$,则两圆柱面间所加电压为 U_a,径向电流为

$$I = \frac{U_a}{R_{r_a r_b}} = \frac{2\pi t U_a}{\rho \ln \dfrac{r_b}{r_a}}$$

距轴线 r 处的电位为

$$U'_r = IR_{rr_b} = U_a \frac{\ln \dfrac{r_b}{r}}{\ln \dfrac{r_b}{r_a}}$$

则

$$E'_r = -\frac{\mathrm{d}U'_r}{\mathrm{d}r} = \frac{U_a}{\ln \dfrac{r_b}{r_a}} \cdot \frac{1}{r}$$

由以上分析可见,U_r 与 U'_r,E_r 与 E'_r 的分布函数完全相同. 为什么这两种场的分布相

同呢?我们可以从电荷产生场的观点加以分析.在导电质中没有电流通过的,其中任一体积元(宏观小,微观大,其内仍包含大量原子)内正负电荷数量相等,没有净电荷,呈电中性.当有电流通过时,单位时间内流入和流出该体积元内的正或负电荷数量相等,净电荷为 0,仍然呈电中性.因而,整个导电质内有电流通过时也不存在净电荷.这就是说,真空中的静电场和有稳恒电流场通过时导电质中的场都是由电极上的电荷产生的.事实上,真空中电极上的电荷是不动的,在有电流通过的导电质中,电极上的电荷一边流失,一边由电源补充,在动态平衡下保持电荷的数量不变.所以这两种情况下电场分布是相同的.

5.5.3.2　模拟飞机机翼周围的速度场

我们来讨论稳恒电流场和机翼周围的速度场具有相同的数学模型,即它们可以由同一个微分方程来描述,并且具有相同的边界条件.

1) 无旋稳恒电流场

设在导电微晶中有稳恒电流分布,即电流密度 j 不随时间而变化.按照散度的定义:

$$\nabla \cdot j = \lim_{\Omega \to 0} \frac{1}{\Omega} \oint_s j \cdot \mathrm{d}s$$

式中,s 是闭合曲面;Ω 是 s 所围的体积.上式右边的曲面积分是单位时间里从 Ω 流出的总电量,从而上式右边的极限表示单位时间里从单位体积流出的电量.若所考虑的区域无电流源,则此项为 0,亦即

$$\nabla \cdot j = 0$$

即源电流密度是无旋的,必定存在势 φ 使

$$j = -\nabla \varphi$$

由以上两式得 $\nabla \varphi = 0$,这就是拉普拉斯方程,在二维场中可记作

$$\frac{\partial^2 \varphi}{\partial x^2} + \frac{\partial^2 \varphi}{\partial y^2} = 0$$

2) 流体的二维无旋稳恒流场

飞机机翼周围的空气流动可以视为无旋稳恒流场,我们来研究它的数学模型.把流体的速度分布记作 V,按照散度的定义

$$\nabla \cdot V = \lim_{\Omega \to 0} \frac{1}{\pi} \oint_s V \cdot \mathrm{d}\sigma$$

上式右边是从单位体积流出的流量,若所考虑的区域里没有流体的源,则此项为 0,即源流动是无旋的,必然存在速度势 u 使

$$V = -\nabla u$$

由以上二式,得到拉普拉斯方程

$$\nabla u = 0$$

在二维场中表示为

$$\frac{\partial^2 u}{\partial x^2} + \frac{\partial^2 u}{\partial y^2} = 0$$

从上面分析可知,稳恒电流场和飞机机翼周围的速度场具有相同的数学模型,所以我们可以用稳恒电流场来模拟机翼周围的速度场.

3)模拟条件

模拟方法的使用有一定的条件和范围,不能随意推广,否则将会得到荒谬的结论.用稳恒电流场模拟静电场的条件可以归纳为以下三点:

(1)稳恒电流场中的电极形状应与被模拟的静电场中的带电体几何形状相同;

(2)稳恒电流场中的导电介质是不良导体且电导率分布均匀,并满足电极的电导率远远大于导电质的电导率,才能保证电流场中的(良导体)的表面也近似是一个等位面;

(3)模拟所用电极系统与被模拟电极系统的边界条件相同.

4)测量方法

场强 E 在数值上等于电位梯度,方向指向电位降落的方向,考虑到 E 是矢量,而电位 U 是标量,从实验测量来讲,测定电位比测定场强容易实现,所以可先测绘等位线,然后根据电场线与等位线正交的原理,画出电场线.这样就可由等位线的间距确定电场线的疏密和指向,将抽象的电场形象地反映出来.

5.5.4　实验内容

5.5.4.1　描绘同轴电缆的静电场分布

利用图 5.13(b) 所示模型,将导电微晶上内外两电极分别与直流稳压电源的正负极相连接,电压表正负极分别与同步探针及电源负极相连接,移动同步探针测绘同轴电缆的等位线簇.要求相邻两等位线间的电位差为 1 V,以每条等位线上各点到原点的平均距离为半径画出等位线的同心圆簇.然后根据电场线与等位线正交原理,再画出电场线,并指出电场强度方向,得到一张完整的电场分布图.在坐标纸上作出相对电位 U_r/U_a 和 $\ln r$ 的关系曲线,并与理论结果比较,再根据曲线的性质说明等位线是以内电极中心为圆心的同心圆.

5.5.4.2　描绘一个劈尖电极和一个条形电极形成的静电场分布

将电源电压调到 10 V,从 1 V 开始,测出一系列等位点,共测 9 条等位线,每条等势线上找 10 个以上的点,在电极端点附近应多找几个点,画出等位线,再作出电场线,作电场线时要注意:电场线与等位线正交,导体表面是等位面,电场线垂直于导体表面,电场线发自正电荷而终止于负电荷,疏密要表示出场强的大小,根据电极正负画出电场线方向.

5.5.5 选做实验

(1) 描绘机翼周围的速度场;
(2) 描绘聚焦电极的电场分布.

思 考 题 五

1. 用电流场模拟静电场的理论依据是什么?
2. 用电流场模拟静电场的条件是什么?
3. 等位线与电场线之间有何关系?
4. 如果电源电压 U_a 增加一倍,等位线和电场线的形状是否发生变化?电场强度和电位分布是否发生变化?为什么?
5. 试举出一对带等量异号线电荷的长平行导线的静电场的"模拟模型".这种模型是否是唯一的?
6. 根据测绘所得等位线和电场线的分布,分析哪些地方场强较强,哪些地方场强较弱?
7. 从实验结果能否说明电极的电导率远大于导电介质的电导率?如不满足这条件会出现什么现象?

5.6 磁场的测量

5.6.1 实验目的

(1) 研究载流圆线圈轴线上磁场的分布,加深对毕奥-萨伐尔定律的理解;
(2) 掌握用霍尔元件测量磁场的方法;
(3) 考察亥姆霍兹线圈的磁场均匀区.

5.6.2 实验仪器

一般霍尔元件的灵敏度较低,测量弱磁场时霍尔电压值较低.为此将霍尔元件和放大电路集成化,从而提高霍尔电压的输出值,这样就扩大了霍尔法测磁场的应用范围.

本实验使用的 SS495A 型集成霍尔传感器,集成有霍尔元件、放大器和薄膜电阻剩余电压补偿器,体积小.典型的灵敏度为 31.25 mV/mT,最大线性测量磁场范围为 $-67 \sim 67$ mT.采用直流 5 V 供电时,零磁感应强度的输出为 2.500 V.

5.6.3 实验原理

1879 年,霍尔设计了一个根据运动载流子在外磁场中的偏转来确定在导体或半导体中占主导地位的载流子类型实验. 随着半导体物理学的迅猛发展,霍尔系数和电导率的测量已成为研究半导体材料的主要方法之一. 通过实验测量半导体材料的霍尔系数和电导率可以判断材料的导电类型、载流子浓度、载流子迁移率等主要参数. 若能测量霍尔系数和电导率随温度变化的关系,还可以求出半导体材料的杂质电离能和材料的禁带宽度.

在霍尔效应发现 100 年后,克利青、多尔达和派波尔发现了量子霍尔效应,它不仅可作为一种新型的二维电阻标准,还可改进一些基本常量的测量精度,是当代凝聚态物理学和磁学中最令人惊异的进展之一,克利青为此项发现荣获 1985 年诺贝尔物理学奖金.

用霍尔效应制备的各种传感器件,已广泛应用于工业自动化技术、检测技术和信息处理等各个方面. 本实验的目的是通过用霍尔元件测量磁场,判断霍尔元件载流子的类型,计算载流子的浓度和迁移速率,以及了解霍尔效应测试中的各种副效应及消除的方法.

5.6.3.1　载流圆线圈磁场

一半径为 R,通以电流 I 的圆线圈,轴线上磁场的公式为

$$B = \frac{\mu_0 N_0 I R^2}{2 (R^2 + X^2)^{\frac{3}{2}}}$$

式中,N_0 为圆线圈的匝数;X 为轴上某一点到圆心 O 的距离;$\mu_0 = 4\pi \times 10^{-7}$ H/m,它的分布图如图 5.14 所示.

本实验取 $N_0 = 500$ 匝,$I = 500$ mA,$R = 110$ mm,圆心 O 处 $X = 0$,可算得圆电流线圈磁感应强度 $B = 1.43$ mT.

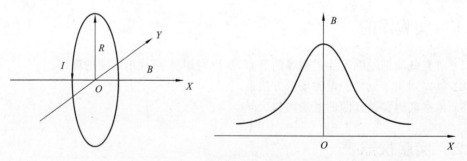

图 5.14　单个圆环线圈磁场分布

5.6.3.2　亥姆霍兹线圈

所谓亥姆霍兹线圈为两个相同线圈彼此平行且共轴,使线圈上通以同方向电流 I. 理论计算证明,线圈间距 a 等于线圈半径 R 时,两线圈合磁场在轴线上(两线圈圆心连线)附近较大范围内是均匀的,如图 5.15 所示. 这种均匀磁场在工程运用和科学实验中应用十分广泛.

亥姆霍兹线圈磁感应强度

$$B = \frac{\mu_0 N_0 I}{2R} \times \frac{16}{5^{\frac{3}{2}}} = 1.43 \times 1.431 = 2.05 \text{ (mT)}$$

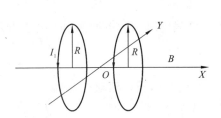 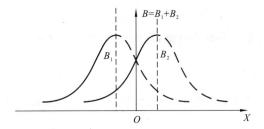

图 5.15 亥姆霍兹线圈磁场分布

5.6.3.3 霍尔效应法测磁场

将通有电流 I 的导体置于磁场中,则在垂直于电流 I 和磁场 B 方向上将产生一个附加电位差 E_H,这一现象是霍尔于 1879 年首先发现,故称霍尔效应. 电位差 U_H 称为霍尔电压.

霍尔效应从本质上讲,是运动的带电粒子在磁场中受洛伦兹力的作用而引起的偏转. 当带电粒子(电子或空穴)被约束在固体材料中,这种偏转就导致在垂直电流和磁场的方向上产生正负电荷在不同侧的聚积,从而形成附加的横向电场. 如图 5.16 所示,磁场 B 位于 Z 的正向,与之垂直的半导体薄片上沿 X 正向通以电流 I_S(称为工作电流),假设载流子为电子(N 型半导体材料),它沿着与电流 I_S 相反的 X 负向运动.

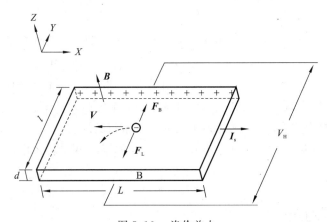

图 5.16 洛伦兹力

由于洛伦兹力 F_L 作用,电子即向图中虚线箭头所指的位于 Y 轴负方向的 B 侧偏转,并使 B 侧形成电子积累,而相对的 A 侧形成正电荷积累. 与此同时,运动的电子还受到由于两种积累的异种电荷形成的反向电场力 F_e 的作用. 随着电荷积累的增加,F_e 增大,当两力大小相等(方向相反)时,$F_L = -F_e$,则电子积累便达到动态平衡. 这时在 A,B 两端面之间建立的电场称为霍尔电场 E_H,相应的电势差称为霍尔电势 V_H.

设电子按均一速度 V,向图 5.16 所示的 X 负方向运动,在磁场 B 作用下,所受洛伦

兹力

$$F_L = -e\overline{V}B$$

式中，e 为电子电量；$\overline{V}$ 为电子漂移平均速度；B 为磁感应强度. 同时，电场作用于电子的力

$$F_e = -eE_H = -\frac{eV_H}{l}$$

式中，E_H 为霍尔电场强度；V_H 为霍尔电势；l 为霍尔元件宽度，当达到动态平衡时：

$$F_L = -F_e \qquad \overline{V}B = \frac{V_H}{l} \tag{5.10}$$

设霍尔元件宽度为 l，厚度为 d，载流子浓度为 n，则霍尔元件的工作电流

$$I_s = ne\overline{V}ld \tag{5.11}$$

由式(5.10)和式(5.11)可得

$$V_H = E_H l = \frac{1}{nl}\frac{I_s B}{d} = R_H \frac{I_s B}{d} \tag{5.12}$$

即霍尔电压 V_H(A,B 间电压)与 I_s，B 的乘积成正比，与霍尔元件的厚度成反比，比例系数 $R_H = \frac{1}{ne}$ 称为霍尔系数，它反映了材料霍尔效应的强弱.

当霍尔元件的材料和厚度确定时，设

$$K_H = \frac{R_H}{d} = \frac{l}{ned} \tag{5.13}$$

将式(5.13)代入式(5.12)中得

$$V_H = K_H I_s B$$

式中，K_H 称为元件的灵敏度，它表示霍尔元件在单位磁感应强度和单位控制电流下的霍尔电势大小，其单位是[mV/mA.T]，一般要求 K_H 愈大愈好. 由于金属的电子浓度 n 很高，所以它的 R_H 或 K_H 都不大. 因此不适宜作霍尔元件. 此外元件厚度 d 愈薄，K_H 愈高，所以制作时，往往采用减少 d 的办法来增加灵敏度，但不能认为 d 愈薄愈好，因为此时元件的输入和输出电阻将会增加，这对霍尔元件是不希望的.

由此可见，当 I 为常数时，有 $V_H = K_H IB = K_0 B$，通过测量霍尔电压 V_H，就可计算出未知磁场强度 B.

5.6.4　实验内容

测量圆电流线圈轴线上磁场的分布：

(1) 假定选择励磁线圈(左)为实验对象，将测量仪面板上的偏置电压与测试架的偏置电压相连，霍尔电压与霍尔电压相连；

(2) 将测试架励磁线圈(左)的两端与测量仪上的励磁电流两端相连，红接线柱与红接线柱相连，黑接线柱与黑接线柱相连；

(3) 调节励磁电流为零，将磁感应强度清零；

（4）调节磁场测量仪的励磁电流调节电位器,使表头显示值为 500 mA,此时毫特计表头应显示一对应的磁感应强度 B 值;

（5）以圆电流线圈中心为坐标原点,每隔 10.0 mm 测一磁感应强度 B 的值,测量过程中注意保持励磁电流值不变.

5.6.5　选做内容

5.6.5.1　反接测量圆电流线圈轴线上磁场的分布

在实验过程中可以将励磁电流反接,即测量仪上励磁电流的两端子的连线对调.再重复 5.6.4 中的过程,可以测得一组负的磁感应强度 B 值,即此时的磁感应强度方向已反向.

5.6.5.2　测量亥姆霍兹线圈轴线上的磁场的分布

（1）接好线路,然后在励磁电流为零的情况下将磁感应强度清零;

（2）调节磁场测量仪的励磁电流调节电位器,使表头显示值为 500 mA,此时毫特计表头应显示一对应的磁感应强度 B 值;

（3）以亥姆霍兹线圈中心为坐标原点,每隔 10.0 mm 测一磁感应强度 B 的值,测量过程中注意保持励磁电流值不变.

在实验过程中同样可以将励磁电流反接,即测量仪上励磁电流的两端子的连线对调.再重复上述过程,可以测得一组负的磁感应强度 B 值.即此时的磁感应强度方向已反向.注意:由于显示位置的限制,当测量的 B 值达到或大于 -2.000 mT 时,负号标记将闪烁,表示测量的 B 值为负.

5.6.5.3　励磁电流大小对磁场强度的影响

（1）选择单线圈或者亥姆霍兹线圈磁场分布测量的连线方法之一进行连线,仍然在励磁电流为零的情况下将磁感强度清零;

（2）调节磁场测量仪的励磁电流调节电位器,使表头显示值为 100 mA,将霍尔传感器的位置调节到以圆电流线圈中心位置或者亥姆霍兹线圈中心位置;

（3）调节励磁电流调节电位器,每增加 100 mA 记下一磁感应强度 B 的值,直到励磁电流显示值为 500 mA 记下一磁感应强度 B 值为止.

5.6.5.4　测试数据处理

（1）将圆电流线圈轴线上磁场分布的测量数据记录于下表(注意坐标原点设在圆心处).表格中包括测点位置,磁感应强度 B 值(从数字式毫特表上读取),在同一坐标纸上画出实验曲线.

轴向距离 X/mm						
B/mT						

（2）将亥姆霍兹线圈轴线上的磁场分布的测量数据记录于下表（注意坐标原点设在两个线圈圆心连线的中点 O 处），在方格坐标纸上画出实验曲线.

轴向距离 X/mm						
B/mT						

（3）测量亥姆霍兹线圈轴线上的磁场分布.

径向距离 X/mm						
B/mT						

（4）励磁电流大小对磁场强度的影响

励磁电流 /mA	100	200	300	400	500
B/mT					

思 考 题 六

1. 单线圈轴线上磁场的分布规律如何？亥姆霍兹线圈是怎样组成的？其基本条件有哪些？它的磁场分布特点又怎样？

2. 用霍尔效应测量磁场时，为何励磁电流为零时，显示的磁场值不为 0？

3. 分析圆电流磁场分布的理论值与实验值的误差产生的原因？

5.7　平行光管的调整及使用

5.7.1　实验目的

（1）了解平行光管的结构及工作原理，掌握平行光管的调整方法；
（2）加强对光具组基点的认识；
（3）学会用平行光管测量凸透镜和透镜组的焦距；
（4）会用平行光管测定鉴别率.

5.7.2　实验仪器

平行光管、平面反射镜、平行光管分划板、测微目镜、凸透镜、透镜组、光具座、螺丝刀.

5.7.2.1　平行光管的结构

平行光管是产生平行光束的装置,其外形如图 5.17 所示.当调试好平行光的十字分划板的中心与平行光管的主光轴共轴以后,先拆下高斯目镜光源,再拆下十字分划板,换上玻罗板、鉴别率板等,接上如图 5.18 所示的直筒式光源,但是直筒式光源中的小灯泡是从高斯光源上拆下来的.由于分划板放在平行光管物镜的焦平面上,且有灯光照射在分划板的毛玻璃上,所以,分划板上各种划痕,以及毛玻璃上所散射出来的光,通过物镜的折射以后,都成为平行光.平行光管是装、校、调整光学仪器的重要工具之一,也是光学量度仪器中的重要组成部分,配用不同的分划板,与测微目镜(或显微镜系统),可以测定透镜或透镜组的焦距、鉴别率及其他成像质量.为了保证检查或测量精度,被检透镜组的焦距最好不大于平行光管物镜焦距的 1/2,其物镜焦距常被说成是平行光管的焦距.

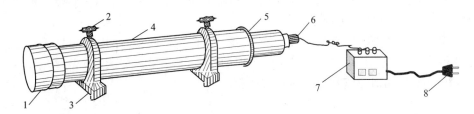

图 5.17　平行光管

1.物镜组;2.十字旋手;3.底座;4.镜管;5.分划板调节螺钉;6.照明灯座;7.变压器;8.插头

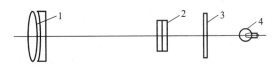

图 5.18　直筒式光源

1.物镜;2.分化板;3.毛玻璃;4.光源

平行光管的型号很多,常见的有 CPG 550 型、CTT 5.5 型,下面主要以 CPG 550 为例介绍平行光管的构造.

5.7.2.2　CPG 550 型平行光管主要规格

(1) 物镜焦距 f' 为 550 mm(名义值),使用时按出厂的实测值.

(2) 物镜口径 D 为 55 mm.

(3) 高斯目镜:焦距 f' 为 44 mm,放大倍数为 5.7 倍.

5.7.2.3　分划板

CPG 550 型平行光管有 5 种分划板,如图 5.19 所示.

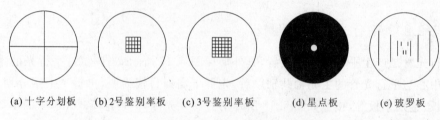

(a)十字分划板　(b)2号鉴别率板　(c)3号鉴别率板　(d)星点板　(e)玻罗板

图 5.19　5 种分划板

(1) 十字分划板. 调节平行光管的物镜焦距并将十字分划板的十字心调到平行光管的主光轴上,若拿掉十字分划板换上其他分划板,此分划板的中心也在平行光管的主光轴上.

(2) 鉴别率板. 可以用来检验透镜和透镜组的鉴别率,板上有 25 个图案单元,每个图案单元中平行条纹宽度不同,对 2 号鉴别率板,第 1 单元到第 25 单元的条纹宽度由 20 μm 递减至 5 μm;而对 3 号鉴别率板 25 单元,则由 40 μm 递减至 10 μm.

(3) 星点板. 星点直径为 0.05 mm,通过被检系统后有一衍射像,根据像的形状作光学零件或组件成像质量定性检查.

(4) 玻罗板. 它与测微目镜(或读数显微镜)组合在一起使用,用来测量透镜组的焦距. 玻罗板上每两条等长线之间的间距有不同的尺寸,其名义尺寸为 1 mm,2 mm,4 mm, 10 mm,20 mm,使用时应依据出厂时的实测值.

5.7.3　实验原理

5.7.3.1　用平行光管测量焦距

如图 5.20 所示,选用测微目镜,使被测透镜焦平面上所成玻罗板的像也在测微目镜的焦平面上,便可测量.

因为 $\alpha = \alpha'$,所以

$$f = \frac{f' \cdot y}{y'}$$

式中,f 为被测透镜焦距;f' 为平行光管焦距实测值;y' 为玻罗板上所选用线距实测值 ($\overline{A'B'} = y'$);y 为测微目镜上玻罗板低频线的距离($\overline{AB} = y$,即测量值).

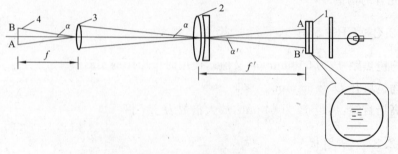

图 5.20　实验光路图

1.玻罗板;2.平行光管物镜(焦距 f');3.被测凸透镜(焦距 f);4.测微目镜

5.7.3.2 用平行光管测定凸透镜、透镜组的鉴别率

光学系统的鉴别率是该系统成像质量的综合性指标,按照几何光学的观点,任何靠近的两个微小物点,经光学系统后成像在像平面上,仍然应是两个"点"像. 事实上,这是不可能的. 即使光学系统无像差,通过光学系统后,波面不受破坏,而根据光的衍射理论,一个物点的像不再是"点",而是一个衍射花样. 光学系统能够把这种靠得很近的两个衍射花样分辨出来的能力,称为光学系统的鉴别率. 根据衍射理论和瑞利准则,仪器的最小分辨角为

$$\alpha = \frac{1.22\lambda}{D}$$

式中,α 的单位为弧度;D 为入射光瞳直径;λ 为光波波长.

当平行光管物镜焦平面上的鉴别率板产生的平行光(将平行光管的分划板换成鉴别率板)射入被测透镜时,在被测透镜的焦平面附近,用测微目镜可观察到鉴别率板的像. 如果被检透镜质量高,在视场里观察到能分辨的单元号码越高. 仔细找出尽可能高的分辨单元号码,由下式测定鉴别率角值

$$\theta = \frac{2\alpha}{f'} 206256'' \tag{5.14}$$

式中,θ 为角值;α 为条纹宽度;f' 为平行光管焦距.

5.7.4 实验内容

认真预习透镜组基点、基面的有关内容.

5.7.4.1 用平行光管测量焦距

1)调整分划板座

调整分划板座的中心使其位于平行光管的主光轴上,且使分划板严格位于物镜的焦平面上.

平行光管使用时,因测试的需要,常常要换上不同的分划板,为了保证出射光线严格平行,每次调换后都必须使分划板严格处于物镜的焦平面上.

(1) 将十字分划板装在平行光管的分划板座上,然后再装上高斯目镜;

(2) 调节高斯目镜(即拉伸目镜),眼睛对着目镜观看时,能清楚地看到十字叉丝;

(3) 调节放在平行光管前的平面镜(平面镜上有调节水平螺丝和垂直螺丝),使平行光管射出的光线重新返回平行光管. 这时能通过高斯目镜看到分划板上有一个反射回来的像. 前后调节物镜(旋转物镜),直到目镜里清楚地观察到十字叉丝的像. 表明分划板已经调整在物镜的焦平面上了.

2)调整分划板

调整十字分划板中心在平行光管主光轴上.

（1）将平面镜暂时用纸遮住，在目镜上看到十字分划板，粗调分划板的上、下和左、右螺丝，使分划板的十字心在平行光管的管心.

（2）拿走平面镜上的纸片，在目镜上又看到十字叉丝像，调节平面镜的俯仰角，观察叉丝的像与十字叉丝重合.

（3）松开平行光管的两只"十字旋手"，将平行光管以轴心为准线旋转180°，观察叉丝与其像的横线是否重合. 如果不重合，调节分划板座的上、下螺丝，使叉丝的横线与像的横线接近一半，再调平面镜的角度使横线重合. 如此重复旋转，直至横线在任何角度下都重合.

（4）调节分划板座的左、右螺丝，使十字叉丝垂直线与其像的垂直线重合. 直至转动平行光管时，十字叉丝物像始终重合. 这表示分划板座的中心与平行光管的主光轴已经重合.

3）测量凸透镜及透镜组的焦距

（1）平行光管调整后，拿下平面镜，将被测凸透镜置于平行光管的前方，在透镜的前方放上测微目镜，调节平行光管、被测凸透镜和测微目镜，使它们大致在同一光轴上，尽量让测微目镜拉近到实验人员方便观察的位置.

（2）将平行光管的十字分划板换成玻罗板，并拿下高斯目镜上的灯泡，放在直筒形光源罩上，然后装在平行光管上.

（3）转动测微目镜的调节螺丝，直到从测微目镜里面能看到清晰的叉丝、标尺为止.

（4）前后移动凸透镜，使被测凸透镜在平行光管中的玻罗板成像于测微目镜的标尺和叉丝上，表明凸透镜的焦平面与测微目镜的焦平面重合.

（5）用测微目镜测出玻罗板像中 10 mm 两刻线间距的测量值 y，读出平行光管的焦距实测值 f' 和玻罗板两刻线的实测值 y'（出厂时仪器说明书中给定），重复5次，将各数据填入自拟表中.

（6）将凸透镜拿下来，换上被测量的透镜组，重复上述步骤5次，测出透镜组的焦距，求其平均值.

5.7.4.2　用平行光管测凸透镜和透镜组的鉴别率

（1）取下玻罗板，换上3号鉴别板，装上光源.

（2）将测微目镜、被测透镜、平行光管依次放在光具座上.

（3）移动被测透镜的位置，使被测透镜在平行光管的3号鉴别率板成像于测微目镜的焦平面上. 用眼睛认真地从1号单元鉴别率板上开始朝下看，分辨出是哪一个号数单元的并排线条，记下号码.

（4）在表5.6中查出条纹宽度 a 值及鉴别率角值，也可将 a，f'（平行光管焦距，出厂的实测值）代入式5.14，求出鉴别率角值 θ.

（5）取下透镜，换上透镜组，重复上述步骤，读出鉴别率板上能分辨的号码，并填入自拟表中.

表 5.6　测定凸透镜、凸透镜组所用的 2 号、3 号鉴别率板

鉴别率板号		2 号		3 号	
鉴别率板单元号	单元中每一组的条纹数	条纹宽度 /μm	当平行光管 $f=550$ 鉴别率角值 /(″)	条纹宽度 /μm	当平行光管 $f=550$ 时鉴别率角 /(″)
1	4	20.0	15.00	40.0	30.00
2	4	18.9	14.18	37.8	28.35
3	4	17.8	13.35	35.6	26.70
4	5	16.8	12.60	33.6	25.20
5	5	15.9	11.93	31.7	23.78
6	5	15.0	11.25	30.0	22.50
7	6	14.1	10.58	28.3	21.23
8	6	13.3	9.98	26.7	20.03
9	6	12.6	9.45	25.2	18.90
10	7	11.9	8.93	23.8	17.85
11	7	11.2	8.40	22.5	16.88
12	8	10.6	7.95	21.2	15.90
13	8	10.0	7.50	20.0	15.00
14	9	9.4	7.05	18.9	14.18
15	9	8.9	6.68	17.8	13.35
16	10	8.4	6.30	16.8	12.60
17	11	7.9	5.93	15.9	11.93
18	11	7.5	5.63	15.0	11.25
19	12	7.1	5.33	14.1	10.58
20	13	6.7	5.03	13.3	9.98
21	14	6.3	4.73	12.6	9.45
22	14	5.9	4.43	11.9	8.93
23	15	5.6	4.20	11.2	8.40
24	16	5.3	3.98	10.06	7.95
25	17	5.0	3.75	10.0	7.50

思 考 题 七

1. 叙述平行光管的结构. 在平行光管中用高斯目镜的作用是什么?

2. 平行光管产生平行光的原理是什么?是否能产生单一方向的平行光?

3. 利用平行光管测量透镜和透镜组焦距的原理是什么?

4. 什么叫光学系统的鉴别率?如何用平行光管测量透镜和透镜组的鉴别率?

5. 在实验报告中画出本实验所需要的数据记录表格.

5.8 密立根油滴实验

密立根(R. A. Millikan)在1910～1917年的7年间,致力于测量微小油滴上所带电荷的工作,这即是著名的密立根油滴实验,它是近代物理学发展过程中具有重要意义的实验. 密立根经过长期的实验研究获得了两项重要的成果:一是证明了电荷的不连续性. 即电荷具有量子性,所有电荷都是基本电荷 e 的整数倍;二是测出了电子的电荷值—即基本电荷的电荷值 $e = (1.602 \pm 0.002) \times 10^{-19}$ C.

本实验就是采用密立根油滴实验这种比较简单的方法来测定电子的电荷值 e. 由于实验中产生的油滴非常微小(半径约为 10^{-9} m,质量约为 10^{15} kg),进行本实验特别需要严谨的科学态度、严格的实验操作、准确的数据处理,才能得到较好的实验结果.

5.8.1 实验目的

(1) 验证电荷的不连续性,测定基本电荷的大小;
(2) 学会对仪器的调整、油滴的选定、跟踪、测量以及数据的处理.

5.8.2 实验仪器

密立根油滴仪、显示器、喷雾器、钟油.

密立根油滴仪包括油滴盒、油滴照明装置、调平系统、测量显微镜、供电电源以及电子停表、喷雾器等部分组成.

MOD-5型油滴仪的外形以实验装置图如图5.21所示,其改进为用CCD摄像头代替人眼观察,实验时可以通过黑白电视机来测量.

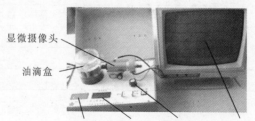

显微摄像头
油滴盒

时间显示　电压显示　电压调节旋钮　显示器

图 5.21　MOD-5 型油滴仪

油滴盒是由两块经过精磨的平行极板(上、下电极板)中间垫以胶木圆环组成. 平行极板间的距离为 d. 胶木圆环上有进光孔、观察孔和石英窗口. 油滴盒放在有机玻璃防风罩中. 上电极板中央有一个 $\phi 0.4$ mm 的小孔,油滴从油雾室经过雾孔和小孔落入上下电极板之间,上述装置如图5.22所示. 油滴由照明装置照明. 油滴盒可用调平螺丝调节,并由水准泡检查其水平.

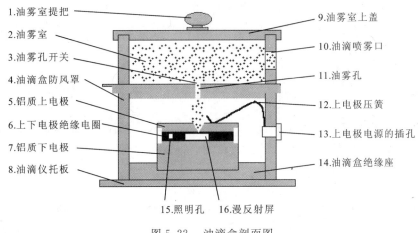

1.油雾室提把　　　　　　　　　　　　9.油雾室上盖
2.油雾室　　　　　　　　　　　　　　10.油滴喷雾口
3.油雾孔开关　　　　　　　　　　　　11.油雾孔
4.油滴盒防风罩　　　　　　　　　　　12.上电极压簧
5.铝质上电极　　　　　　　　　　　　13.上电极电源的插孔
6.上下电极绝缘电圈　　　　　　　　　14.油滴盒绝缘座
7.铝质下电极
8.油滴仪托板

15.照明孔　　16.漫反射屏

图 5.22　油滴盒剖面图

电源部分提供 4 种电压:

(1) 2.2 V 油滴照明电压.

(2) 500 V 直流平衡电压. 该电压可以连续调节,并从电压表上直接读出,还可由平衡电压换向开关换向,以改变上、下电极板的极性. 换向开关倒向"+"侧时,能达到平衡的油滴带正电,反之带负电. 换向开关放在"0"位置时,上、下电极板短路,不带电.

(3) 300 V 直流升降电压. 该电压可以连续调节,但不稳压. 它可通过升降电压换向开关叠加(加或减)在平衡电压上,以便把油滴移到合适的位置. 升降电压高,油滴移动速度快,反之则慢. 该电压在电表上无指示.

(4) 12 V 的 CCD 电源电压.

5.8.3　实验原理

实验中,用喷雾器将油滴喷入两块相距为 d 的水平放置的平行极板之间,如图 5.23 所示. 油滴在喷射时由于摩擦,一般都会带电. 设油滴的质量为 m,所带电量为 q,加在两平行极板之间的电压为 V,油滴在两平行极板之间将受到两个力的作用,一个是重力 mg,一个是电场力 $qE = q\dfrac{V}{d}$. 通过调节加在两极板之间的电压 V,可以使这两个力大小相等、方向相反,从而使油滴达到平衡,悬浮在两极板之间. 此时有

$$mg = q\frac{V}{d} \tag{5.15}$$

为了测定油滴所带的电量 q,除了测定 V 和 d 外,还需要测定油滴的质量 m. 但是,由于 m 很小,需要使用下面的特殊方法进行测定.

因为在平行极板间未加电压时,油滴受重力作用将加速下降,但是由于空气的粘滞性

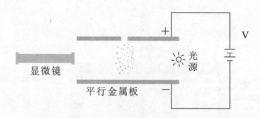

图 5.23　两平行板间的油滴

会对油滴产生一个与其速度大小成正比的阻力,油滴下降一小段距离而达到某一速度 v 后,阻力与重力达到平衡(忽略空气的浮力),油滴将以此速度匀速下降示.

由斯托克斯定律可得

$$f_r = 6\pi a\eta v = mg \tag{5.16}$$

式中,η 是空气的黏滞系数;a 是油滴的半径(由于表面张力的作用,小油滴总是呈球状).

设油滴的密度为 ρ,油滴的质量 m 可用下式表示:

$$m = \frac{4}{3}\pi a^3 \rho \tag{5.17}$$

将式(5.16)和式(5.17)合并,可得油滴的半径

$$a = \sqrt{\frac{9\eta v}{2\rho g}} \tag{5.18}$$

由于斯托克斯定律对均匀介质才是正确的,对于半径小到 $10 \sim 6$ nm 的油滴小球,其大小接近空气空隙的大小,空气介质对油滴小球不能再认为是均匀的了,因而斯托克斯定律应该修正为

$$f_r = \frac{6\pi a\eta v}{1 + \dfrac{b}{aP}}$$

式中,b 为一修正常数,取 $b = 6.17 \times 10^{-6}$ m·cmHg;P 为大气压强,单位是 cmHg. 利用平衡条件和式(5.17)可得

$$a = \sqrt{\frac{9\eta v}{2\rho g} \cdot \frac{1}{1 + \dfrac{b}{aP}}} \tag{5.19}$$

上式根号下虽然还包含油滴的半径 a,因为它是处于修正项中,不需要十分精确,仍可用式(5.18)来表示. 将式(5.19)代入式(5.17)得

$$m = \frac{4}{3}\pi \left[\frac{9\eta v}{2\rho g} \cdot \frac{1}{1 + \dfrac{b}{aP}} \right]^{\frac{3}{2}} \cdot \rho \tag{5.20}$$

当平行极板间的电压为 0 时,设油滴匀速下降的距离为 l,时间为 t,则油滴匀速下降的速度为

$$v = \frac{l}{t} \tag{5.21}$$

将式(5.21)代入式(5.20),再将式(5.20)代入式(5.15)得

$$q = \frac{18\pi}{\sqrt{2\rho g}} \left[\frac{\eta l}{t} \cdot \frac{1}{1 + \frac{b}{aP}} \right]^{\frac{3}{2}} \cdot \frac{d}{V} \tag{5.22}$$

实验发现,对于同一个油滴,如果改变它所带的电量,则能够使油滴达到平衡的电压必须是某些特定的值 V_n. 研究这些电压变化的规律可以发现,他们都满足下面的方程

$$q = ne = mg\frac{d}{V_n}$$

式中, $n = \pm 1, \pm 2, \cdots$;而 e 则是一个不变的值.

对于不同的油滴,可以证明有相同的规律,而且 e 值是相同的常数,这即是说电荷是不连续的,电荷存在着最小的电荷单位,也即是电子的电荷值 e. 于是,式(5.22)可化为

$$ne = \frac{18\pi}{\sqrt{2\rho g}} \left[\frac{\eta l}{t} \cdot \frac{1}{1 + \frac{b}{aP}} \right]^{\frac{3}{2}} \cdot \frac{d}{V_n} \tag{5.23}$$

根据上式即可测出电子的电荷值 e ,验证电子电荷的不连续性.

5.8.4　实验内容

5.8.4.1　仪器调节

(1) 将油滴照明灯接 2.2 V 电源,平行极板接 500 V 直流电源,电源插孔都在电源后盖上;

(2) 调节调平螺丝,使水准仪的气泡移到中央,这时平行极板处于水平位置,电场方向和重力平行;

(3) 将"均衡电压"开关置于"0"位置,"升降电压"开关也置于"0"位置. 将油滴从喷雾室的喷口喷入,视场中将出现大量油滴,犹如夜空繁星. 如果油滴太暗,可转动小照明灯,使油滴更明亮,微调显微镜,使油滴更清楚.

5.8.4.2　测量练习

(1) 练习控制油滴. 当油滴喷入油雾室并观察到大量油滴时,在平行极板上加上平衡电压(约300 V左右,"+"或"−"均可),驱走不需要的油滴,等待 1 ~ 2 min 后,只剩下几颗油滴在慢慢移到,注意其中的一颗,微调显微镜,使油滴很清楚,仔细调节电压使这颗油滴平衡;然后去掉平衡电压,让它达到匀速下降(显微镜中看上去是在上升)时,再加上平衡电压使油滴停止运动;之后,再调节升降电压使油滴上升(显微镜中看上去是在下降)到原来的位置. 如此反复练习,以熟练掌握控制油滴的方法.

(2) 练习选择油滴. 要作好本实验,很重要的一点就是选择好被测量的油滴. 油滴的

体积既不能太大,也不能太小(太大时必须带的电荷很多才能达到平衡;太小时由于热扰动和布朗运动的影响,很难稳定),否则,难于准确测量.对于所选油滴,当取平衡电压为320 V,匀速下降距离 $l = 0.200$ cm 所用时间约为 20 s 时,油滴大小和所带电量较适中,测量也较为准确.因此,需要反复试测练习,才能选择好待测油滴.

(3) 速度测试练习.任意选择几个下降速度不同的油滴,用秒表测出它们下降一段距离所需要的时间,掌握测量油滴速度的方法.

5.8.4.3　正式测量

由式(5.23)可知,进行本实验真正需要测量的量只有两个,一个是油滴的平衡电压 V_n;另一个是油滴匀速下降的速度,即油滴匀速下降距离 l 所需的时间 t.

(1) 测量平衡电压必须经过仔细的调节,应该将油滴悬于分化板上某条横线附近,以便准确地判断出这颗油滴是否平衡,应该仔细观察一分钟左右,如果油滴在此时间内在平衡位置附近漂移不大,才能认为油滴是真正平衡了.记下此时的平衡电压.

(2) 在测量油滴匀速下降一段距离 l 所需的时间 t 时,为保证油滴下降的速度均匀,应先让它下降一段距离后再测量时间.选定测量的一段距离应该在平行极板之间的中间部分,占分划板中间 4 个分格为宜,此时的距离为 $l = 0.200$ cm,若太靠近上电极板,小孔附近有气流,电场也不均匀,会影响测量结果.太靠近下极板,测量完时间后,油滴容易丢失,不能反复测量.

(3) 由于有涨落,对于同一颗油滴,必须重复测量 10 次.同时,还应该选择不少于 5 颗不同的油滴进行测量.

(4) 通过计算求出基本电荷的值,验证电荷的不连续性.

5.8.4.4　数据处理方法

根据式(5.23)和式(5.18)可得

$$ne = \frac{k}{\left[t\left(1 + \dfrac{k'}{\sqrt{t}}\right) \right]^{\frac{3}{2}}} \cdot \frac{1}{V_n} \tag{5.24}$$

式中,$k = \dfrac{18\pi}{\sqrt{2\rho g}}(\eta l)^{\frac{3}{2}} \cdot d$;$k' = \dfrac{b}{P}\sqrt{\dfrac{2\rho g}{9\eta l}}$,而且取油的密度 $\rho = 981$ kg/m³,重力加速度 $g = 9.80$ m/s²,空气的黏滞系数 $\eta = 1.83 \times 10^{-5}$ kg/m·s,油滴下降距离 $l = 2.00 \times 10^{-3}$ m,常数 $b = 6.17 \times 10^{-6}$ m·cmHg,大气压 $P = 76.0$ cmHg,平行极板距离 $d = 5.00 \times 10^{-3}$ m.

将上述数据代入式(5.24)可得,$k = 1.43 \times 10^{-14}$ kg·m²/s^{\frac{3}{2}},$k' = 0.0196$ s^{\frac{1}{2}}

$$ne = \frac{1.43 \times 10^{-14}}{\left[t(1 + 0.02\sqrt{t}) \right]^{\frac{3}{2}}} \cdot \frac{1}{V_n} \tag{5.25}$$

显然,上面的计算是近似的.但是,一般情况下,误差仅在 1% 左右.

将式(5.25)所得数据除以电子电荷的公认值 $e = 1.602 \times 10^{-19}$ 库仑,所得整数就是油滴所带的电荷数 n,再用 n 去除实验测得的电荷值,就可得到电子电荷的测量值. 对不同油滴测得的电子电荷值不能再求平均值.

5.8.4.5 数据表格

油滴编号	V_n/V	t/s	$\overline{V}_n/V$	$\overline{t}/s$	$q(10^{-19}\text{C})$	n	$e(10^{-19}\text{C})$
1							
2							
3							
4							
5							
6							
7							
8							
9							
10							

5.8.5 选做内容

改变电荷进行实验,观测油滴所带的正电荷是否也是 e 的大小的整数倍.

5.8.6　注意事项

（1）喷油时，只需喷一两下即可，不要喷得太多，不然会堵塞小孔；

（2）对选定油滴进行跟踪测量的过程中，如果油滴变得模糊了，应随时调节显微镜镜筒的位置，对油滴聚焦；对任何一个油滴进行的任何一次测量中都应随时调节显微镜，以保证油滴处于清晰状态；

（3）平衡电压取 300～350 V 为最好，应该尽量在这个平衡电压范围内去选择油滴，例如，开始时平衡电压可定在 320 V，如果在 320 V 的平衡电压情况下已经基本平衡时，只需稍微调节平衡电压就可使油滴平衡，这时油滴的平衡电压大约就在 320～350 V 的范围之内；

（4）在监视器上要保证油滴竖直下落.

思 考 题 八

1. 为什么不能选择太大或者太小的油滴？

2. 油滴实验仪装置不水平对测量有影响吗？

3. 为什么对选定油滴进行跟踪时，油滴有时会变得模糊起来？

4. 通过实验数据进行分析，指出作好本实验关键要抓住哪几步？造成实验数据测量不准的原因是什么？

5. 为什么对不同油滴测得的电子电荷最后不能再求平均值来得到电子电荷的测量值？

5.9　弗兰克-赫兹实验

1913 年丹麦物理学家玻尔（N. Bohr）提出了原子能级的概念并建立了原子模型理论.

该理论指出，原子处于稳定状态时不辐射能量，当原子从高能态（能量 E_m）向低能态（能量 E_n）跃迁时才辐射. 辐射能量满足

$$\Delta E = E_m - E_n$$

对于外界提供的能量，只有满足原子跃迁到高能级的能级差，原子才吸收并跃迁，否则不吸收.

1914 年德国物理学家弗兰克（J. Franck）和赫兹（G. Hertz）用慢电子穿过汞蒸气的实验，测定了汞原子的第一激发电位，从而证明了原子分立能态的存在. 后来他们又观测了实验中被激发的原子回到正常态时所辐射的光，测出的辐射光的频率很好地满足了玻尔理论. 弗兰克-赫兹实验的结果为玻尔理论提供了直接证据.

玻尔因其原子模型理论获 1922 年诺贝尔物理学奖，而弗兰克与赫兹的实验也于 1925 年获此奖. 夫兰克-赫兹实验与玻尔理论在物理学的发展史中起到了重要的作用.

本实验通过对汞原子第一激发电位的测量,了解弗兰克和赫兹研究原子内部能量量子化的基本思想和方法;了解电子与原子碰撞和能量交换过程的微观图像,以及影响这个过程的主要物理因素.

5.9.1　实验目的

(1) 通过测量氩原子的第一激发电位,证明原子内部量子化能级的存在;

(2) 了解在研究原子内部能量量子化问题时所使用的基本方法;

(3) 了解电子与原子碰撞和能量交换过程的微观图像,以及影响这个过程的主要物理因素.

5.9.2　实验仪器

LB-FH 弗兰克 - 赫兹实验仪、示波器.

5.9.3　实验原理

夫兰克 - 赫兹实验原理,如图 5.24 所示,图中阴极 K,板极 A,G_1 和 G_2 分别为第一、第二栅极.

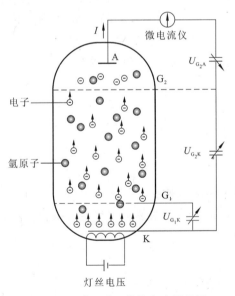

图 5.24　弗兰克 - 赫兹实验原理图

K-G_1-G_2 加正向电压,为电子提供能量. $U_{G_1 K}$ 的作用主要是消除空间电荷对阴极电子发射的影响,提高发射效率. G_2-A 加反向电压,形成拒斥电场.

电子从 K 发出,在 K-G$_2$ 区间获得能量,在 G$_2$-A 区间损失能量.如果电子进入 G$_2$-A 区域时动能大于或等于 eU_{G_2A},就能到达板极形成板极电流 I.

电子在不同区间的情况:

(1) K-G$_1$ 区间.电子迅速被电场加速而获得能量.

(2) G$_1$-G$_2$ 区间.电子继续从电场获得能量并不断与氩原子碰撞.当其能量小于氩原子第一激发态与基态的能级差 $\Delta E = E_2 - E_1$ 时,氩原子基本不吸收电子的能量,碰撞属于弹性碰撞.当电子的能量达到 ΔE,则可能在碰撞中被氩原子吸收这部分能量,这时的碰撞属于非弹性碰撞.ΔE 称为临界能量.

(3) G$_2$-A 区间.电子受阻,被拒斥电场吸收能量.若电子进入此区间时的能量小于 eU_{G_2A} 则不能达到板极.

由此可见,若 $eU_{G_2K} < \Delta E$,则电子带着 eU_{G_2K} 的能量进入 G$_2$-A 区域.随着 U_{G_2K} 的增加,电流 I 增加,如图 5.25 中 Oa 段.

若 $eU_{G_2K} = \Delta E$ 则电子在达到 G$_2$ 处刚够临界能量,不过它立即开始消耗能量了.继续增大 U_{G_2K},电子能量被吸收的概率逐渐增加,板极电流逐渐下降,如图 5.25 中 ab 段.

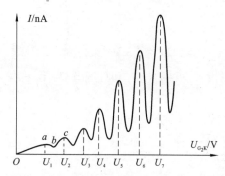

图 5.25　弗兰克 - 赫兹实验 U_{G_2K}-I 曲线

继续增大 U_{G_2K},电子碰撞后的剩余能量也增加,到达板极的电子又会逐渐增多,如图 5.25 中 bc 段.

若 $eU_{G_2K} > n\Delta E$ 则电子在进入 G$_2$-A 区域之前可能 n 次被氩原子碰撞而损失能量.板极电流 I 随加速电压 U_{G_2K} 变化曲线就形成 n 个峰值,如图 5.25 所示.相邻峰值之间的电压差 ΔU 称为氩原子的第一激发电位.氩原子第一激发态与基态间的能级差

$$\Delta E = e\Delta U$$

5.9.4　实验内容

5.9.4.1　内容

(1) 用示波器测量原子的第一激发电位;

(2) 手动测量,绘制 U_{G_2K}-I 曲线,观察原子能量量子化情况,并用逐差法求出氩原子的第一激发电位.

5.9.4.2　实验步骤

1) 示波器的测量

(1) 插上电源,打开电源开关,将"手动 / 自动"挡切换开关置于"自动"挡."自动"指 U_{G_2A} 从 0 ~ 120 V 自动扫描,"自动"挡包含示波器测量和计算机采集测量两种.

（2）先将灯丝电压 U_H、控制栅（第一栅极）电压 U_{G_1K}、拒斥电压 U_{G_2K} 缓慢调节到仪器机箱上所贴的"出厂检验参考参数". 预热 10 min，如波形好，可微调各电压旋钮. 如需改变灯丝电压，改变后请等波形稳定（灯丝达到热动平衡状态）后再测量.

（3）将仪器上"同步信号"与示波器的"同步信号"相连，"Y"与示波器的"Y"通道相连."Y 增益"一般置于"0.1 V"挡；"时基"一般置于"1 ms"挡，此时示波器上显示出弗兰克-赫兹曲线.

（4）调节"时基微调"旋钮，使一个扫描周期正好布满示波器 10 格；扫描电压最大为 120 V，量出各峰值的水平距离（读出格数），乘以 12 V/ 格，即为各峰值对应的 U_{G_2K} 的值（峰间距），可用逐差法求出氩原子的第一激发电位的值，可测 3 组算出平均值.

（5）将示波器切换到 X-Y 显示方式，并将仪器的"X"与示波器的"X"相连，仪器的"Y"与示波器的"Y"通道相连，调节"X"通道增益，是整个波形在 X 方向上满 10 格，量出各峰值的水平距离（读出格数），乘以 12 V/ 格，即为峰间距，可用逐差法求出氩原子的第一激发电位的值，可测 3 组算出平均值.

2）手动测量

（1）将"手动 / 自动"挡切换开关置于"手动"挡，微电流倍增开关置于合适的挡位（说出挡位选择的依据）.

（2）先将灯丝电压 U_H、控制栅（第一栅极）电压 U_{G_1K}、拒斥电压 U_{G_2K} 缓慢调节到一起机箱上所贴出的"出厂检验参考参数". 预热 10 min，如波形不好可微调各电压旋钮. 如需改变灯丝电压，改变后等波形稳定（灯丝达到热动平衡状态）后再测量.

（3）旋转第二栅极电压 U_{G_2K} 调节旋钮，测定 I_A-U_{G_2K} 曲线. 是栅极电压 U_{G_2K} 逐渐缓慢增加（太快电流稳定时间将变长），每增加 0.5 V 或 1 V，待阳极电流表读数稳定（一般都可以立即稳定，个别测量点需若干秒后稳定）后，记录相应的电压 U_{G_2K}，阳极电流 I_A 的值（此时显示的数值至少可稳定 10 s 以上）. 读到 120 V，个别仪器可以选择读到 118 V.

（4）根据所取数据点，列表作图. 以第二栅极电压 U_{G_2K} 为横坐标，阳极电流 I_A 为纵坐标，作出谱峰曲线. 读取电流峰值对应的电压值，用逐差法计算出氩原子的第一激发电位.

（5）实验完毕后，请勿长时间将 U_{G_2K} 置于最大值，应将其旋至较小值.

5.9.4.3　数据处理

（1）示波器测量（表格仅供参考，以自己设计为准）：

序号	1	2	3	4	5	6	7	8
峰值格数								
U_{G_2K}/V								

（2）手动测量（表格仅供参考，以自己设计为准）：

N	1	2	3	4	5	6	7	8	9
U_{G_2K}									
I_A									

N	10	11	12	13	14	15	16	17	...
U_{G_2K}									
I_A									

(3) 作出 U_{G_2K}-I 曲线,确定出 I 极大时所对应的电压 U_{G_2K}.

(4) 用最小二乘法或者逐差法求氩的第一激发电位,并计算不确定度.

$$U_{G_2K} = a + n\Delta U$$

式中,n 为峰序数;ΔU 为第一激发电位.

5.9.5　选做内容

测定较高能级激发电位或电离电位.

5.9.6　注意事项

(1) 各对插线应一一对号入座,切不可插错!否则会损坏电子管或仪器.

(2) 每个 F-H 管所需的工作电压是不同的,灯丝电压 U_H 过高会导致 F-H 管被击穿(表现为控制栅(第一栅极)电压 U_{G_1K} 和 U_{G_2K} 的表头读数会失去稳定).因此灯丝电压 U_H 一般不高于出厂检验参考参数 0.2 V 以上,以免击穿 F-H 管,损坏仪器.

(3) 因有微小电流通过阴极 K 而引起电流热效应,致使阴极发射电子数目逐步缓慢增加,从而使阳极电流 I_A 缓慢增加.在仪器上表现为:某一恒定的 U_{G_2K} 下,随着时间的推移,阳极电流 I_A 会缓慢增加,形成"飘"的现象.虽然这一现象无法消除,但此效应非常微弱,只要实验时方法正确,就不会对数据处理结果产生太大的影响,即 U_{G_2K} 应从小至大依次逐渐增加,每增加 0.5 V 或 1 V 后读阳极电流表读数,不回读,不跨读.

以下两种操作方法是不可取的,应尽量避免:① 回调 U_{G_2K} 读阳极电流 I_A,因为电流热效应的存在,前后两次调至同一 U_{G_2K} 下相应的阳极电流 I_A 可能是不同的;② 大跨度调节 U_{G_2K},这样阳极电流表读数进入稳定状态所需的时间将大大增加,影响实验进度.

思 考 题 九

1. U_{G_2K}-I 曲线电流下降并不十分陡峭,主要原因是什么?

2. I 的谷值并不为零,而且谷值依次沿 U_{G_2K} 轴升高,如何解释?

3. 第一峰值所对应的电压是否等于第一激发电位?原因是什么?

4. 写出氢原子第一激发态与基态的能级差.

6 设计性物理实验

所谓设计性物理实验,就是学生在一定的知识基础上,根据指导教师提供的实验题目,自主查阅参考资料,根据已有的实验条件,自主设计实验方案,自选或组装实验设备,自拟实验操作步骤,在规定的时间内完成的实验.学生做完实验后,以小论文的形式写出完整的实验报告,对实验结果进行系统地分析和总结,从而让学生经历一次科学实验过程的基本训练.针对物理实验每一要素,都可进行设计.

6.1 弹簧振子的研究

6.1.1 实验目的

(1) 研究弹簧自身质量对振动的影响;

(2) 学习由实验结果确定物理规律的基本方法;

(3) 通过有关测量和作图法处理数据,确定弹簧振子的周期经验公式.

6.1.2 实验仪器

约利氏杆、轻质弹簧组、砝码组、停表、物理天平等.

约利弹簧秤如图 6.1 所示,是弹簧秤的一种,它的主要部分是一立柱 A 和一有毫米刻度的圆柱 B. 在A 柱的上端固定一游标 V,B 上挂一弹簧 D,G 为十字形金属丝,M 为平面镜.镜面上有一标线.实验时,使十字线 G 的横线及其在平面镜中的像以及镜面标线三者始终重合,这样可保持 G 的位置不变. H 为一平台,它可由螺旋 S 升降,在升降时平台不转动. I_1,I_2为秤盘.

普通弹簧秤是上端固定,在下端加负载后则向下伸长.约利弹簧秤则与之相反,它是控制弹簧的下端(G)的位置保持一定,加负载后,则向上拉伸弹簧确定伸长值.设在力 F 作用下弹簧伸长为 L,则根据

图 6.1 约利弹簧秤

胡克定律,可知

$$F = kL$$

式中,k 为弹簧的劲度系数,它表示弹簧伸长单位长度时的作用力的大小,单位为 N/m.

约利弹簧秤上常附有几个 k 值不同的弹簧,根据实验时所测力的最大值及测量精密度的要求而选用劲度系数恰当的弹簧.

在测量固体或液体密度、表面张力实验中常使用约利弹簧秤. 弹簧下设两个秤盘就是为测量密度时用的.

使用时先调底脚螺丝 J_1,J_2 使弹簧下的吊线正好通过 P 孔的中间.

6.1.3　实验原理

本实验要总结弹簧振子周期与决定周期的物理量之间的数量关系,通过定性与半定量的观测,可知周期 T 与振子质量 m 和弹簧的倔强系数 k 有关,与振幅大小无关,要求出弹簧振子的周期与弹簧振子质量 m 和弹簧的劲度系数 k 之间的关系,$T = T(m,k)$,先不妨设其函数关系为最简单的 $T = Ak^\alpha m^\beta$,其中 α,β,A 为待定常数.

（1）保持振子质量 m 不变,则

$$T = c_1 k^\alpha \quad c_1 = Am^\beta \tag{6.1}$$

用 4 根不同 k 值的弹簧分别挂同一砝码 m,分别测定周期,可得一组 T-k 数据.

（2）保持弹簧倔强系数 k 不变,则

$$T = c_2 m^\beta \quad (c_2 = Am^\alpha) \tag{6.2}$$

选定一弹簧分别挂不同的砝码,分别测定周期,可得一组 T-m 数据.

根据式（6.1）式（6.2）所作的 T-k 图和 T-m 图,都是指数曲线. 将式（6.1）和式（6.2）取对数有

$$\ln T = \ln c_1 + \alpha \ln k \tag{6.3}$$
$$\ln T = \ln c_2 + \beta \ln m \tag{6.4}$$

则 $\ln T$ 与 $\ln k$,$\ln T$ 与 $\ln m$ 均构成线性关系,分别作 $\ln T$-$\ln k$,$\ln T$-$\ln m$ 图. 用图解法求出 α,β,并通过式（6.3）和式（6.4）和图上数据进一步求出常数 A,进而求出弹簧振子的周期公式.

6.1.4　实验内容

6.1.4.1　测定弹簧的劲度系数

（1）将弹簧装在约利弹簧秤上,在弹簧下端挂一带有指示镜的挂钩并使其穿过刻有横线的玻璃套里,然后再挂钩下面再挂一砝码盘;

（2）调节约利弹簧秤,使小镜能自由地在玻璃筒内上下振动,使其平衡时三线对齐,这时的标尺读数即为 x_0;

（3）依次在托盘中加 $10 \sim 60$ g 的砝码,调节套杆,使三线重新对齐,记下相应的读数 x_1,x_2,x_3,x_4,x_5;

（4）根据胡克定律,用逐差法处理数据,求出 k 值.

6.1.4.2 观测决定振动周期的物理量

（1）取定弹簧,分别加不同质量的砝码,定性观察周期的变化情况,记录观测到的现象;

（2）取定 40.00 g 砝码,换上 k 值不同的弹簧,定性观察周期随倔强系数变化的情况,记录观测到的现象;

（3）取最长的弹簧,砝码质量仍为 40.00 g,分别测两种不同振幅下的 20 个周期进行比较,观察振幅大小对周期有无影响?

6.1.4.3 弹簧振子周期公式的总结

（1）保持 m 不变,取定砝码质量为 40.00 g,分别测定每个弹簧振子的周期,方法是使振子在保持铅直振动的情况下,测定 20 次振动的时间取平均值,测定周期,得到一组 $T\text{-}k$ 数据,得出 $T\text{-}k$ 关系;

（2）保持 k 不变,取定最长的弹簧,测出在弹簧下悬挂砝码质量 m 分别等于 20.00 g,30.00 g,40.00 g,450.00 g,4 种情况下的周期,得到一组 $T\text{-}m$ 数据,得出 $T\text{-}m$ 关系;

（3）将以上两组 $T\text{-}k$ 数据,$T\text{-}m$ 数据,分别取对数,以 $\ln T$ 为纵轴,分别作出 $\ln T\text{-}\ln k$,$\ln T\text{-}\ln m$ 图线,用图解法求出 α,β,并通过两图线的截距进一步求出常数 A;

（4）将求出的 α,β 和 A 代回到 $T = Ak^{\alpha}m^{\beta}$,进而求出弹簧振子的周期公式.

6.1.5 选做内容

理想的弹簧振子是由一根轻弹簧和一个质量为 m 的质点组成,其振动频率为

$$T = 2\pi \sqrt{\frac{m}{K}} \tag{6.5}$$

即 α,β 和 A 的理论值分别为 $-\dfrac{1}{2},\dfrac{1}{2},2\pi$. 对实际弹簧振子来说,弹簧的质量不能忽略,它对振动周期的影响,相当于在质点上另加了一个质量 m_0. 这一 m_0 与弹簧的粗细、质量及绕制形状有关,称作弹簧的等效质量.

（1）观测对于实际弹簧振子,振动周期 T 与 m 的关系,定性总结 m 的大小与式(6.5)的符合程度;

（2）如果在考虑弹簧的质量 m_0,对振子质量进行修正,取 $M = m + \dfrac{1}{3}m_0$,得 $T\text{-}M$ 数据,结合 $T\text{-}k$ 数据,计算 α,β 和 A,与理论值进行定量比较.

思 考 题 一

用实验方法总结物理规律的经验公式是物理研究的一种重要方法. 通过本实验,你有何收获和体会?试设计一个实验,总结出自由落体下落距离 h 与下落时间 t 之间的经验公式.

6.2 衍射法测量微小长度

6.2.1 实验目的

(1) 学会用衍射法测量微小长度 —— 单缝的宽度;

(2) 观察与分析单缝的夫琅和费衍射,加深对光的衍射理论的理解;

(3) 测绘单缝衍射光强分布曲线.

6.2.2 实验仪器

光具座、He-Ne 激光器、可调单缝、硅光电池(装在读数显微镜筒旁边)、凸透镜(两个,已知焦距) 光点检流计、米尺、电阻箱、双刀双掷开关、白屏.

6.2.3 实验原理

夫琅禾费单缝衍射要求光源和观察屏都是无限远,实验中如图 6.2 所示的装置能实现这个要求.

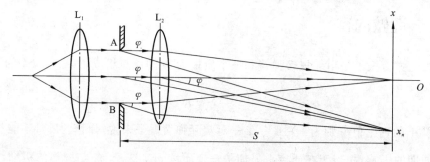

图 6.2 夫琅禾费单缝衍射

由惠更斯-菲涅耳原理可知,沿垂直于单缝方向上的光强分布规律为

$$I_\varphi = I_0 \frac{\sin^2 u}{u^2} \quad u = \frac{a\pi}{\lambda}\sin\varphi$$

式中,φ 是衍射角;I_φ 是衍射角为 φ 方向上的光强;I_0 是中央方向($\varphi = 0$) 的最大光强;a 为单缝的宽度;λ 是入射单色光的波长.

当 $\varphi = 0$ 时,$I_\varphi = I_0$,$u = 0$ 为中央明条纹中心点的光强,称为中央主极大.

当 $a\sin\varphi = \left(n + \dfrac{1}{2}\right)\lambda$,$n = \pm 1, \pm 2, \cdots$,则 $u = \left(n + \dfrac{1}{2}\right)\pi$,为次级极大.

当 $a\sin\varphi = n\lambda$,$n = \pm 1, \pm 2, \cdots$,则 $u = n\pi$,此时 $I_\varphi = 0$,即出现暗条纹. 由于衍射角 φ 很小,故可近似地写成

$$\varphi = \frac{n\pi}{a}$$

当透镜 L_2 与观察屏间距为 S,对应的衍射角 φ 的 n 级暗条纹到中央明条纹中心点的间距为 x_n,则

$$\varphi = \frac{x_n}{S}$$

故单缝的宽度为

$$a = \frac{n\lambda}{x_n}S \tag{6.6}$$

由上面几式可以看出:

(1) 对同一级暗条纹(n 相同),衍射角 φ 与狭缝宽度 a 成反比,狭缝越窄,衍射角越大,衍射效果越显著. 狭缝越宽,衍射角越小,条纹越密,当狭缝足够宽($a \gg \lambda$)时,$\varphi \approx 0$,衍射现象不显著,这样可将光看作是直线传播.

(2) 中央明条纹的宽度,由 $n = \pm 1$ 级的两条暗条纹的衍射角所确定. 则中央明条纹的宽度为 $\varphi_0 = \frac{2\lambda}{a}$. 而任意相邻两暗条纹之间角为 $\Delta\varphi$,近似相等,则

$$\Delta\varphi = \frac{\lambda}{a} = \frac{x_{n+1} - x_n}{S} \tag{6.7}$$

(3) 根据计算可知,两相邻暗条纹之间是各级次极大,以衍射角表示对应各级次极大的位置,则有

$$\Delta\varphi = \pm 1.43\frac{\lambda}{a}, \pm 2.46\frac{\lambda}{a}, \pm 3.47\frac{\lambda}{a}, \cdots$$

它们相对应的相对光强为

$$\frac{I_\varphi}{I_0} = 0.047, 0.017, 0.008, 0.005, \cdots.$$

图 6.3 所示为单狭缝的夫琅禾费衍射相对光强分布图.

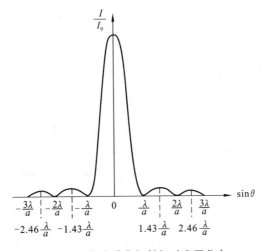

图 6.3 夫琅禾费衍射相对光强分布

6.2.4　实验内容

1）观察单缝衍射现象

（1）调节激光器光束与光具座导轨平行；

（2）按夫琅禾费衍射条件，布置单狭缝和光屏，使它们与激光光束垂直；

（3）改变单狭缝的宽度，观察衍射的变化规律，调节出最佳待测衍射图像.

2）测量单狭缝衍射的光强分布

（1）移去光屏，换上硅光电池，使衍射光中央主极大照射在光电池上. 调节单狭缝宽度和光电池进光的狭缝，使检流计光斑偏转接近满刻度；

（2）沿 X 轴方向平移光电池，以较小的间隔，逐点测定衍射光的相对光强 I_φ 和对应的位置 X_φ，衍射光强的极大值 I_m 和极小值 I_n 所对应的位置 X_m 和 X_n，应精心仔细测量；

（3）测量单狭缝到光电池的距离 S；

（4）利用式（6.6）计算单狭缝的宽度 a，取不同级数 n 的测量数据进行计算，取其平均值 $\bar{a}$（激光光波的波长为 632.8 nm）；

（5）以相对光强 I_φ 为纵坐标，以其对应的位置 X_φ 为横坐标，作单狭缝衍射的光强分布曲线图.

3）用单缝衍射仪测量单狭缝的宽度

（1）调节好光路，从测微目镜（或读数显微镜）中观察到最佳衍射图像. 在中央明条纹两侧各有 5 条以上的次明纹；

（2）测出 ±5 级至 ±1 级各暗条纹位置，并将所记录的数值填入表 1 中；

（3）计算，平均间距 ＝（$X_左 － X_右$）/2；

（4）测出单狭缝到测微目镜之间的距离 S，$S ＝（125 ＋ 读数值 ＋ 2.5）$ mm；

（5）按式（6.7）计算狭缝宽度 a；

（6）计算狭缝宽度 a 的标准偏差.

X/mm	左侧	右侧	平均	狭缝宽(a)	平均值
X_1/mm					
X_2/mm					
X_3/mm					
X_4/mm					
X_5/mm					

6.2.5　选做内容

观察细丝、圆孔、矩形孔的衍射现象.

思 考 题 二

1. 在单缝衍射实验中,如果用低压汞灯代替钠灯实验,将看到什么现象?如在汞灯前加放绿色玻璃片,衍射图像与钠灯的衍射图像有什么不同?为什么?

2. 用该实验方法是否可以测量细丝的直径?其原理和方法是否与单缝的宽度测量相同?

3. 如何正确测定狭缝到测微目镜的距离?

6.3　电表的扩程与校准

6.3.1　实验目的

(1) 了解电流表、电压表的结构及规格;

(2) 学习电流表、电压表的校正方法.

电流表和电压表是直流电实验中常用的仪器. 通过扩大电表量程,使学生了解这两种电表结构及规格,并学会怎样校准电表.

本实验校准电表的电路用到变阻器、电阻箱、电表等基本仪器,如何正确使用这些仪器也是本实验的目的.

6.3.2　实验仪器

微安表头、电流表、电压表、电阻箱、变阻器、直流稳压电源、单刀开关、双刀开关.

6.3.3　实验原理

磁电式测量机构的可动线圈及游丝允许通过的电流很小. 用这种测量机构直接构成的电表叫表头,它只用作微安表或小量程的毫安表. 它的满度电压也很小,一般只有零点几伏. 如果要测量较大的电流或电压,就必须扩大电表的量程.

6.3.3.1　电流表的扩程

磁电式电流表是采用分流的方法扩大量程的,如图 6.4 所示,在表头两端并联电阻 R_P,若表头的满度电流为 I_g,内阻为 R_g,扩程后电流表的量程为 $I, n = I/I_g$ 为量程的扩大倍数,则

$$R_P = \frac{1}{n-1} R_g \qquad (6.8)$$

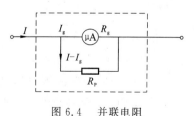

图 6.4　并联电阻

根据电流表扩程的要求,由式(6.8)算出分流电阻 R_P.

6.3.3.2　电压表的扩程

表头串联上电阻 R_s,可以扩大表头的电压量程,如图 6.5 所示,有

$$R_s = \frac{U}{I} - R_g \qquad\qquad (6.9)$$

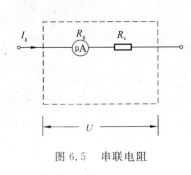

图 6.5　串联电阻

串联不同阻值的 R_s,可以得到不同量程的电压表.

式(6.9)还可以写成下面形式:

$$\frac{R_g + R_s}{U} = \frac{1}{I_g} \qquad\qquad (6.10)$$

式(6.10)表明电压表内阻与相应量程之比是一常数,它等于表头满度电流的倒数,称每伏欧姆数,单位是 Ω/V,它是电压表的一个重要参数. 知道电压表的每伏欧姆数,就可以计算各量程的内阻,即

内阻 = 量程 × 每伏欧姆数

6.3.3.3　电表的校正

扩程以后的电表需要用标准表校准. 通过校准,读出扩程表的指示值 I_x,求出它们的差值 $\Delta I_x = I_s - I_x$,画出校准曲线. 校准曲线的画法如图 6.6 所示,以 I_x 为横轴, ΔI_x 为纵坐标,两个校准点之间用直线连接.

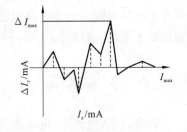

图 6.6　校准曲线

校准扩程表应遵循下列步骤:

(1) 通电之前先调整好表头及标准表的零点;

(2) 接通电源后,先校准量程. 由于给定的 I_g 和 R_g 的数值可能不准确,根据公式(6.8)算出的 R_p,或根据公式(6.9)算出的 R_s 值不一定合适,因此当标准表指示到所需要的扩程表量程数值,而扩程表的表头不指满度时,应调整 R_p 和 R_s 值;

(3) 校准刻度,使电流(或电压)由大到小校准全部刻度值,然后电流(或电压)由小到大再校准一次.

6.3.3.4　电表的变差

校准电表时,从大到小和从小到大各一遍的结果差异的原因对于指示仪表,在外界条件不变的情况下,被测的量由零向上限方向平稳增加和由上限向零方向平稳减少时,对应同一分度线两次测量值之间的差值,称为仪表的示值升降变差,选其最大值作为该仪表的变差. 变差产生的主要原因是活动部分轴尖与轴承的磨擦以及游丝的弹性后效,变差属于未定系统误差,不能用修正值的方法加以消除,只有估计出它的误差

限. 变差属于仪表的基本误差, 因此对一般指示仪表, 变差不应超过其基本误差的绝对值.

在本实验中, 电流由大到小和由小到大, 校准结果有差异, 就是由于电表的变差造成的.

6.3.4　实验内容

6.3.4.1　表头扩程

(1) 将满度电流为 1 mA 的表头扩程至 10 mA. 校准电流表的电路如图 6.7 所示. 选择量程 $0 \sim 10$ mA, 0.5 级的电流表作标准表. R_p 用电阻箱, 由于校准时电流要有较大变化范围, 故采用分压、制流混合电路.

(2) 将满度电流为 100 μA 的表头扩程至 1 V 的电压表. 校准电压表的电路如图 6.8 所示. 选择量程 $0 \sim 1.5$ V, 0.5 级的电压表作标准表. $E = 1.5$ V; 控制电路采用分压电路, $R_{01} = 300$ Ω 用作粗调, $R_{02} = 30$ Ω 用作细调.

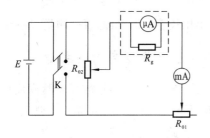

图 6.7　校准电流表电路

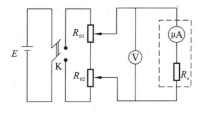

图 6.8　校准电压表电路

6.3.4.2　表头内阻的测量

做本实验时需要知道表头的内阻. 下面介绍几种常用的测量表头内阻的方法. 必须指出, 无论用哪种方法测量, 都要注意通过表头的电流不要超过表头的满度电流.

1) 代替法测量内阻

代替法测量表头内阻, 测量电路如图 6.8 所示. 测量时, 先将开关 K_2 置于 2, 调节 R_0, 使电表 A_0 有一偏转 n, 然后把 K_2 倒向 1, 调节电阻箱 R_n 使 A_0 偏转为 n, 这时电阻箱的示值 R_n 等于表头 A 的内阻 R_g.

用这个电路同时可以测量表头的满度电流. 选一块量程略大于待测表头满度电流的微安表作为标准表 A_0. 将 K_2 置于 2, 调节 R_0 让待测表头指满度, 这时 A_0 的读数就是表头的满度电流.

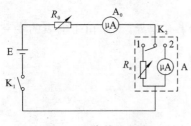

图 6.9　代替法电路

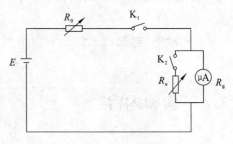

图 6.10　半偏法电路

2）半偏法测量内阻

用半偏法测表头内阻是一种很方便的方法，因为不需要另外的电表．测量电路如图 6.10 所示．首先合上 K_1，断开 K_2 调节电阻箱 R_0 使表头指示满刻度 n_0 然后合上 K_2 调节电阻箱 R_n，使表头偏转为 $\frac{n_0}{2}$，这时表头内阻 R_0 可以用下式求出：

$$R_g = \frac{R_0 R_n}{R_0 - R_n}$$

还应指出代替法和半偏法测表头内阻，都要求比较稳定的电源，否则测量误差将很大．

6.3.4.3　表头满度电流的测量

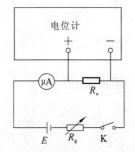

图 6.11　满度电流测量电路

前面已说过，图 6.9 所示电路可以测满度电流，当然这时电阻 R_n 是没有用的．用电位差计测表头满度电流是常用的方法，此法准确度高．测量电路如图 6.11 所示．表头与标准电阻 R_n（可用电阻箱）串联．因而通过 R_n 的电流与通过表头的电流相等调节 R_0，让表头指满度，用电位差计测出 R_n 两端电压 U_n，则表头满度电流

$$I_g = \frac{U_n}{R_n}$$

6.3.4.4　校准电表时标准表的选择

电表在使用了一段时间之后需要进行校准．一般实验室校准电表常用直接比较法，即被校表和精度更高的电表（标准表）的指示值相比较．标准表以及与标准表一起使用的分流器的最大误差应符合微小误差准则．所谓微小误差准则就是在计算测量结果的误差时，如果某项局部误差满足这个准则，就可以忽略不计．对系统误差，当某项局部误差的绝对值小于总误差的 $\frac{1}{10}$ 时，则可以忽略不计．对偶然误差，当某一局部误差小于总误差的

$\frac{1}{3}$ 时,则可忽略不计. 根据这个原则,在校准某个仪表时,要使标准仪表的误差相对于被校准表的误差可以忽略,标准仪表的误差应小于被校表误差的 $\frac{1}{10}$(系统误差占主要成分时)或 $\frac{1}{3}$(偶然误差占主要成分时). 在一般标准中,对系统误差和偶然误差并不加以区分,这时可笼统地限定为 $\frac{1}{5}$.

在选择标准表时还应注意选择合适的量程,使得被校表量程指示值要大于或等于标准表的量程的 $\frac{2}{3}$. 最好是两块表的量程相同. 例如要校准一块量程为 1 mA 的电表,应选量程 1 mA 或 1.5 mA 的标准表.

许多电气仪表的性能受环境条件影响,校准工作必须在规定的温度和湿度等条件下进行.

实验室校准一般电流表或电压表时,并不要求调整电表内部的分流电阻或降压电阻,而是与校准一般分度值一样地记录下被校表量程的误差.

思 考 题 三

1. 电阻表中心阻值如何确定?要减小或增大中心阻值应如何解决?
2. 为何电阻表要设调零电阻 R_T,如何去计算它的阻值?
3. 表头内阻如何去测?
4. 用万用表 50 mA 档去测量直流 50 V 电压将会产生什么后果?为什么?
5. 用电阻表能否测量电源的内阻或灵敏电流计的内阻?为什么?

6.4 用箱式电位差计测量电动势

6.4.1 实验目的

(1) 掌握用电位差计测量电动势的原理;
(2) 了解箱式电势差计的结构和原理;
(3) 比较熟悉正确地掌握箱式电势差计的使用;
(4) 测量干电池的电动势和内阻.

6.4.2 实验仪器

箱式电势差计、检流计、标准电阻、电阻箱、滑线变阻器、标准电池、直流电源、待测干电池.

6.4.3　实验原理

6.4.3.1　电池内阻的测量

根据全电路欧姆定律 $U = E - IR_内$ 可知,为了测定电池内阻 $R_{X内}$,必须要电池放出一定的电流 I,通常情况下 $R_{X内}$ 为常数,为了控制回路中 I 的大小,要设置限流器 R,电流的测量采用电流-电压变换法,即测量阻值足够准确的电阻器两端电压,根据电压除以电阻算出电流值,因此测量电池内阻的实验线路如图 6.12 所示.

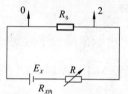

图 6.12　测量电池的内阻

$$U = E_X - \frac{U_{02}}{R_S} R_{X内}$$

由于待测电池电动势 E_X 为常量,

$$U = I(R + R_S) = \frac{U_{02}}{R_S}(R + R_S)$$

因此

$$\frac{U_{02}}{R_S}(R + R_S) = E_X - \frac{U_{02}}{R_S} R_{X内}$$

化简成

$$U_{02} = \frac{E_X R_S}{R + R_S + R_{X内}} \Rightarrow \frac{1}{U_{02}} = \frac{R_S + R_{X内}}{E_X R_S} + \frac{1}{E_X R_S} \cdot R$$

显然 $\dfrac{1}{U_{02}}$ 与 R 成线性关系,其中斜率

$$b = \frac{1}{E_X R_S}$$

则

$$E_X = \frac{1}{b \cdot R_S}$$

而截距为

$$a = \frac{R_S + R_{X内}}{E_X \cdot R_S} = b(R_S + R_{X内})$$

则

$$R_{X内} = \frac{a}{b} - R_S$$

6.4.3.2　电势差计的原理

箱式电势差计是用来精确测量电池电动势或电势差的专门仪器,如图 6.13 所示,由工作电源 E,电阻 R_{AB},限流电阻 R_P 构成一测量电路,其中有稳定而准确的电流 I_0;电源 E_X 和检测电流计 G 组成的一种补偿电路,调切 P 点使 G 中电流为零,AP 间电压为 U_{AP},则

$$E_X = U_{AP}$$

而 $U_{AP} = R_{AP} \cdot I_0$,其中 R_{AP} 为 A,P 间的电阻,所以

$$E_X = R_{AP} \cdot I_0 \qquad (6.11)$$

即当测量电路的电阻与电流已知时,可得 E_X 之值,如将 E_X 改用标准电池 E_S,可得 $E_S = R_S \cdot I_0$,或 $I_0 = \dfrac{E_S}{R_S}$ 代入式(6.11)得

$$E_X = \frac{R_{AP}}{R_S} E_S \qquad (6.12)$$

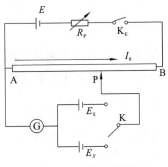

图 6.13　电势差计原理

通过滑线变阻器 P 点的调节,进行二次电压比较,取平衡时的 R_{AP} 和 R_S 值,根据式 6.12 可求得待测电压 E_X 的电动势.

6.4.3.3　箱式电势差计的工作电流与电压值标度

如图 6.14 所示,将图 6.13 中的电阻 R_{AB} 改为相同电阻 R 的串联电路. 设计仪器时先规定仪器的工作电流 I_0,其次按 $R = \dfrac{0.10000\,\mathrm{V}}{I_0}$ 确定 R 的精确值,这样制作的电势差计其 a,b,c,… 各点和 A 点电势差精确为 $0.1\,\mathrm{V}$,$0.2\,\mathrm{V}$,$0.3\,\mathrm{V}$,…(即准确可变的电势差),因此可将这些电压值标在 a,b,c,… 各点处. 箱式电势差计面板上的电压值标度就是按照此原理进行的.

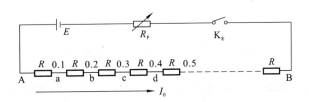

图 6.14　串联电阻电路

使用此标度的电势差计去测量,可如图 6.15 所示,移动 P 点当检流计 G 中电流为 0 时,则 P 点处的示值将等于电动势 E_X 之值.

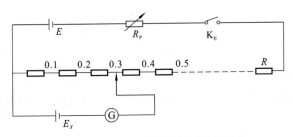

图 6.15　箱式电势差计电压标度原理

6.4.3.4　标准电池与工作电流的校准

图 6.16 所示的电路是在图 6.14 的电路中加入用标准电池 E_S 监控电流的校准电阻 R_S. 例如 20 ℃ 时所用饱和式标准电池的电动势为 1.018 59 V,则在设计时使用 R_S 在 E_K 间阻值 $R = \dfrac{1.018\,59\ \text{V}}{I_0}$,并在 K 点处标以 1.018 59 V,以后每在 20 ℃ 使用此仪器时,先将 K 移至 1.018 59 V 处,调节限流电阻 R_P,当检流计读数为 0 时,测量电路中的电流即等于设计的工作电流 I_0.

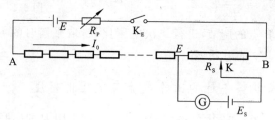

图 6.16　加入标准电池的串联电阻

6.4.3.5　用电势差计测量电动势(或电压)、电阻及电流

箱式电势差计的原理如图 6.17 所示,待测电池的两极或待测电势差的两点接到 X_1, X_2,图中的双刀双掷开关 S_1 倒向右侧,测检流计和校准电路联接,S_1 倒向左侧则检流计和被测电路联接.

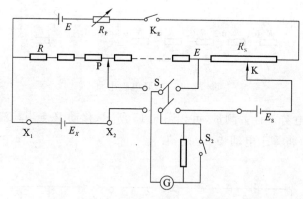

图 6.17　箱式电势差计原理

(1)测电池电动势或 AB 电热差时,可如图 6.18 联接.

(2)测回路的电流,如图 6.18(b)所示. 当 R 为标准电阻时,测出其两端的电压 U_{AB},则电流

$$I = \frac{1.018\,59\ \text{V}}{I_0}$$

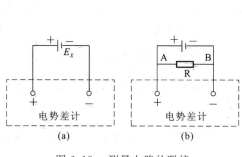

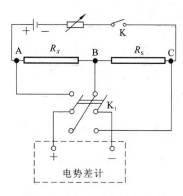

图 6.18 测量电路的联接

图 6.19 用电势差计测电阻

（3）电阻的测量如图 6.19 所示. 将待测电阻 R_X 和标准电池 R_S 串联在一电路中,分别测量其两端的电压 U_{AB},U_{BC},因为回路中电流一定,所以

$$\frac{U_{AB}}{R_X} = \frac{U_{BC}}{R_S}$$

即

$$R_X = \frac{U_{AB}}{U_{BC}} R_S$$

图 6.19 中的开关 K_1 是为了 AB,BC 测量转换用的,有此电势差计将此开关 K_1 装在电势差计中的箱中.

6.4.4 实验内容

（1）按图 6.20 连接电路.

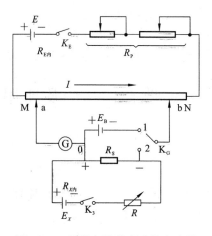

图 6.20 测量电池的电动势和内阻

（2）电流标准化

$$E_S = E_{20} - E'$$

$$\{E'\}_V = [39.9 \times (\{t\}_{\text{℃}} - 20) + 0.94 \times (\{t\}_{\text{℃}} - 20)^2 - 0.009 \times (\{t\}_{\text{℃}} - 20)^3] \times 10^{-6}$$

（3）测量 U_{02} 值. 已知待测电池的电动势 $E_X = 1.5\,\text{V}$ 左右，放电电流要大于 $100\,\text{mA}$ 才稳定（当然不宜过大），因此取 $R_S = 10\,\Omega$，使 R 从 $0 \sim 5\,\Omega$ 变化，测量 U_{02} 值.

（4）取 R 为横坐标，$\dfrac{1}{U_{02}}$ 为纵坐标，将上述测到的数据作 $\dfrac{1}{U_{02}}$-R 图，根据图线求得截距和斜率的值，再算出待测电池的电动势及其内阻.

（5）根据截距和斜率的不确定度及不确定度传递公式，估算出待测电池电动势和内阻的不确定度.

6.4.5 注意事项

（1）调节电势差计平衡的必要条件是 E, E_S 和 E_X 的极性不能接错，并且满足 $E > E_S$，$E > E_X$ 诸条件；

（2）如果 $E_X > E$，为了测量待测电池的 E_X，必须采用如图 6.12 所示的分压方法，但仍要满足 $U_{02} < E$ 的必要条件；

（3）为了使电流标准化调节方便和精细，R_P 应采用大、中、小三种阻值可变的电阻器串联起来使用.

思 考 题 四

1. 为什么要进行电流标准化调节？

2. 为什么电势差计能测量待测电池的电动势，而不是端电压？

3. 怎样用电势差计测量待测电池的内阻？

4. 调节电势差平衡的必要条件是什么？为什么？

5. 在电势差计调平衡时发现检流计始终朝一个方向偏，这可能是什么原因？

6.5 迈克耳孙干涉仪的调整及使用

6.5.1 实验目的

（1）了解迈克耳孙干涉仪的结构和干涉花样的形成原理；

（2）学会迈克耳孙干涉仪的调整和使用方法；

（3）观察等倾干涉条纹，测量 He-Ne 激光的波长；

（4）观察等厚干涉条纹，测量钠光的双线波长差.

6.5.2　实验仪器

迈克耳孙干涉仪（WSM-100 型）、He-Ne 激光器、钠光灯、毛玻璃屏、扩束镜.

迈克耳孙干涉仪是 1883 年美国物理学家迈克耳孙和莫雷发明的分振幅法双光束干涉仪，其主要特点是两相干光束分得很开，且它们的光程差可通过移动一个反射镜（本实验采用此方法）或在一光路中加入一种介质来方便地改变，利用它可以测量微小长度及其变化，随着应用的需要，迈克耳孙干涉仪有多种多样的形式.

6.5.2.1　迈克耳孙干涉仪的主体结构

WSM-100 型迈克耳孙干涉仪的主体结构如图 6.21 所示，由下面 6 个部分组成

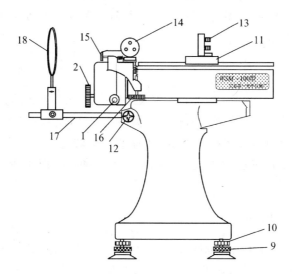

图 6.21　WSM-100 型迈克耳孙干涉仪

1）底座

底座由生铁铸成，较重，却保证了仪器的稳定性. 由三颗调平螺丝 9 支撑，调平后可以拧紧锁紧圈 10 以保持座架稳定.

2）导轨

导轨 7 由两根平行的长约 280 mm 的框架和精密丝杆 6 组成，被固定在底座上，精密丝杆穿过框架正中，丝杆螺距为 1 mm，如图 6.22 所示.

3）拖板部分

拖板是一块平板，反面做成与导轨吻合的凹槽，装在导轨上，下方是精密螺母，丝杆穿

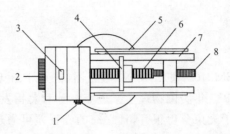

图 6.22　精密丝杆

过螺母,当丝杆旋转时,拖板能前后移动,带动固定在其上的移动镜 11(即 M_1)在导轨面上滑动,实现粗动. M_1 是一块很精密的平面镜,表面镀有金属膜,具有较高的反射率,垂直地固定在拖板上,它的法线严格地与丝杆平行.倾角可分别用镜背后面的三颗滚花螺丝 13 来调节,各螺丝的调节范围是有限度的,如果螺丝向后顶得过松在移动时,可能因震动而使镜面有倾角变化,如果螺丝向前顶得太紧,致使条纹不规则,严重时,有可能将螺丝丝口打滑或平面镜破损.

4）定镜部分

定镜 M_2 与 M_1 是相同的一块平面镜,固定在导轨框架右侧的支架上. 通过调节其上的水平拉簧螺钉 15 使 M_2 在水平方向转过一微小的角度,能够使干涉条纹在水平方向微动;通过调节其上的垂直拉簧螺钉 16 使 M_2 在垂直方向转过一微小的角度,能够使干涉条纹上下微动;与三颗滚花螺丝 13 相比,15 和 16 改变 M_2 的镜面方位小得多.定镜部分还包括分光板 P_1 和补偿板 P_2.

5）读数系统和传动部分

(1) 移动镜 11(即 M_1)的移动距离毫米数可在机体侧面的毫米刻尺 5 上直接读得.

(2) 粗调手轮 2 旋转一周,拖板移动 1 mm,即 M_2 移动 1 mm,同时,读数窗口 3 内的鼓轮也转动一周,鼓轮的一圈被等分为 100 格,每格为 10^{-2} mm,读数由窗口上的基准线指示.

(3) 微调手轮 1 每转过一周,拖板移动 0.01 mm,可从读数窗口 3 中看到读数鼓轮移动一格,而微调鼓轮的周线被等分为 100 格,则每格表示为 10^{-4} mm. 所以,最后读数应为上述三者之和.

6）附件

支架杆 17 是用来放置像屏 18 用的,由加紧螺丝 12 固定.

6.5.2.2　迈克耳孙干涉仪的调整

(1) 按图 6.23 所示安装 He-Ne 激光器和迈克耳孙干涉仪. 打开 He-Ne 激光器的电源开关,光强度旋扭调至中间,使激光束水平地射向干涉仪的分光板 P_1.

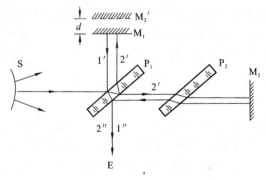

图 6.23　迈克耳孙干涉仪的工作原理

(2) 调整激光光束对分光板 P_1 的水平方向入射角为 $45°$. 如果激光束对分光板 P_1 在水平方向的入射角为 $45°$,那么正好以 $45°$ 的反射角向动镜 M_1 垂直入射,原路返回,这个像斑重新进入激光器的发射孔. 调整时,先用一张纸片将定镜 M_2 遮住,以免 M_2 反射回来的像干扰视线,然后调整激光器或干涉仪的位置,使激光器发出的光束经 P_1 折射和 M_1 反射后,原路返回到激光出射口,这已表明激光束对分光板 P_1 的水平方向入射角为 $45°$.

(3) 调整定臂光路。将纸片从 M_2 上拿下,遮住 M_1 的镜面. 发现从定镜 M_2 反射到激光发射孔附近的光斑有 4 个,其中光强最强的那个光斑就是要调整的光斑. 为了将此光斑调进发射孔内,应先调节 M_2 背面的三颗螺钉,改变 M_2 的反射角度. 微小改变 M_2 的反射角度再调节水平拉簧螺钉 15 和垂直拉簧螺钉 16,使 M_2 转过一微小的角度. 特别注意,在未调 M_2 之前,这两个细调螺钉必须旋放在中间位置.

(4) 拿掉 M_1 上的纸片后,要看到两个臂上的反射光斑都应进入激光器的发射孔,且在毛玻璃屏上的两组光斑完全重合,若无此现象,应按上述步骤反复调整.

(5) 用扩束镜使激光束产生面光源,按上述步骤反复调节,直到毛玻璃屏上出现清晰的等倾干涉条纹.

6.5.3　实验原理

在物理学史上,迈克耳孙曾用自己发明的光学干涉仪器进行实验,精确地测量微小长度,否定了"以太"的存在,这个著名的实验为近代物理学的诞生和兴起开辟了道路,1907年获诺贝尔奖. 迈克耳孙干涉仪原理简明,构思巧妙,堪称精密光学仪器的典范. 随着对仪器的不断改进,还能用于光谱线精细结构的研究和利用光波标定标准米尺等实验. 目前,根据迈克耳孙干涉仪的基本原理,研制的各种精密仪器已广泛地应用于生产、生活和科技领域.

6.5.3.1　用迈克耳孙干涉仪测量 He-Ne 激光波长

迈克耳孙干涉仪的工作原理如图 6.23 所示,M_1,M_2 为两垂直放置的平面反射镜,分别固定在两个垂直的臂上. P_1, P_2 平行放置, 与 M_2 固定在同一臂上, 且与 M_1 和 M_2 的夹角均为 45°. M_1 由精密丝杆控制, 可以沿臂轴前后移动. P_1 的第二面上涂有半透明、半反射膜, 能够将入射光分成振幅几乎相等的反射光 1′、透射光 2′, 所以 P_1 称为分光板 (又称为分光镜). 1′ 光经 M_1 反射后由原路返回再次穿过分光板 P_1 后成为 1″ 光, 到达观察点 E 处; 2′ 光到达 M_2 后被 M_2 反射后按原路返回, 在 P_1 的第二面上形成 2″ 光, 也被返回到观察点 E 处. 由于 1′ 光在到达 E 处之前穿过 P_1 三次, 而 2′ 光在到达 E 处之前穿过 P_1 一次, 为了补偿 1′, 2′ 两光的光程差, 便在 M_2 所在的臂上再放一个与 P_1 的厚度、折射率严格相同的 P_2 平面玻璃板, 满足了 1′, 2′ 两光在到达 E 处时无光程差, 所以称 P_2 为补偿板. 由于 1′, 2′ 光均来自同一光源 S, 在到达 P_1 后被分成 1′, 2′ 两光, 所以两光是相干光.

综上所述, 光线 2″ 是在分光板 P_1 的第二面反射得到的, 这样使 M_2 在 M_1 的附近 (上部或下部) 形成一个平行于 M_1 的虚像 M_2', 因而, 在迈克耳孙干涉仪中, 自 M_1, M_2 的反射相当于自 M_1, M_2' 的反射. 也就是, 在迈克耳孙干涉仪中产生的干涉相当于厚度为 d 的空气薄膜所产生的干涉, 可以等效为距离为 $2d$ 的两个虚光源 S_1 和 S_2' 发出的相干光束, 即 M_1 和 M_2' 反射的两束光程差为

$$\delta = 2dn_2\cos i$$

两束相干光明暗条件为

$$\delta = 2dn_2\cos i = \begin{cases} k\lambda & \text{亮} \\ \left(k + \dfrac{1}{2}\right)\lambda & \text{暗} \end{cases} \quad (k = 1, 2, 3, \cdots) \quad (6.13)$$

式中, i 为反射光 1′ 在平面反射镜 M_1 上的反射角; λ 为激光的波长; n_2 为空气薄膜的折射率; d 为薄膜厚度.

凡 i 相同的光线光程差相等, 并且得到的干涉条纹随 M_1 和 M_2' 的距离 d 而改变. 当 $i = 0$ 时光程差最大, 在 O 点处对应的干涉级数最高. 由式 (6.13) 得

$$2d\cos i = k\lambda \Rightarrow d = \frac{k}{\cos i} \cdot \frac{\lambda}{2}$$

$$\Delta d = N \cdot \frac{\lambda}{2} \quad (6.14)$$

由式 (6.14) 可得, 当 d 改变一个 $\dfrac{\lambda}{2}$ 时, 就有一个条纹 "涌出" 或 "陷入", 所以在实验时只要数出 "涌出" 或 "陷入" 的条纹个数 N, 读出 d 的改变量 Δd 就可以计算出光波波长

$$\lambda = \frac{2\Delta d}{N} \quad (6.15)$$

从迈克耳孙干涉仪中可以看出, S_1 发出的凡与 M_2 的入射角均为 i 的圆锥面上所有光线 a, 经 M_1 与 M_2' 的反射和透镜 L 的会聚于 L 的焦平面上以光轴为对称同一点处; 从光源 S_2 上发出的与 S_1 中 a 平行的光束 b, 只要 i 角相同, 它就与 1′, 2′ 的光程差相等, 经透镜 L

会聚在半径为 r 的同一个圆上,如图 6.24 所示.

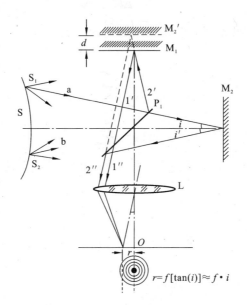

图 6.24　迈克耳孙干涉仪中的光路

6.5.3.2　用迈克耳孙干涉仪测量钠光的双线波长差

由 6.5.3.1 可知,因光源的绝对单色(λ 一定),经 M_1,M_2' 反射及 P_1,P_2 透射后,得到一些因光程差相同的圆环,Δd 的改变仅是“涌出”或“陷入”的 N 在变化,其可见度 V 不变,即条纹清晰度不变. 可见度为

$$V = \frac{I_{\max} - I_{\min}}{I_{\max} + I_{\min}}$$

当用 λ_1,λ_2 两相近的双线光源(如钠光)照射时,光程差为

$$\delta_1 = k\lambda_1 \qquad \delta_1 = \left(k + \frac{1}{2}\right)\lambda_2 \tag{6.16}$$

当改变 Δd 时,光程差为

$$\delta_2 = \left(k + m + \frac{1}{2}\right)\lambda_1 \qquad \delta_2 = (k + m)\lambda_2 \tag{6.17}$$

式(6.16)和式(6.17)对应相减得光程差变化量

$$\Delta l = \delta_2 - \delta_1 = \left(m + \frac{1}{2}\right)\lambda_1 = \left(m - \frac{1}{2}\right)\lambda_2 \tag{6.18}$$

由式(6.18)得

$$\frac{\lambda_2 - \lambda_1}{\lambda_1} = \frac{1}{m - \frac{1}{2}} = \frac{\lambda_2}{\Delta l}$$

于是,钠光的双线波长差为

$$\Delta\lambda = \frac{\lambda_1\lambda_2}{\Delta l} = \frac{\bar{\lambda}^2}{\Delta l}$$

式中，$\bar{\lambda} = \dfrac{\lambda_1 + \lambda_2}{2}$ 在视场中心处，当 M_1 在相继两次视见度为 0 时，移过 Δd 引起的光程差变化量为

$$\Delta l = 2\Delta d$$

则

$$\Delta\lambda = \frac{\bar{\lambda}^2}{2\Delta d} \tag{6.19}$$

从式（6.19）可知，只要知道两波长的平均值 $\bar{\lambda}$ 和 M_1 镜移动的距离 Δd，就可求出纳光的双线波长差 $\Delta\lambda$.

6.5.4　实验内容

6.5.4.1　测量 He-Ne 激光的波长

（1）迈克耳孙干涉仪的手轮操作和读数练习：

① 按图 6.23 组装、调节仪器；② 连续同一方向转动微调手轮，仔细观察屏上的干涉条纹"涌出"或"陷入"现象，先练习读毫米标尺、读数窗口和微调手轮上的读数. 掌握干涉条纹"涌出"或"陷入"个数、速度与调节微调手轮的关系.

（2）经上述调节后，读出动镜 M_1 所在的相对位置，此为"0"位置，然后沿同一方向转动微调手轮，仔细观察屏上的干涉条纹"涌出"或"陷入"的个数. 每隔 100 个条纹，记录一次动镜 M_1 的位置. 共记 500 条条纹，读 6 个位置的读数，填入自拟的表格中.

（3）由式（6.15）计算出 He-Ne 激光的波长. 取其平均值 $\bar{\lambda}$ 与公认值（632.8 nm）比较，并计算其相对误差.

6.5.4.2　测量钠光双线波长差

（1）以钠光为光源，使之照射到毛玻璃屏上，使形成均匀的扩束光源以便于加强条纹的亮度. 在毛玻璃屏与分光镜 P_1 之间放一叉线（或指针）. 在 E 处沿 EP_1M_1 的方向进行观察. 如果仪器未调好，则在视场中将见到叉丝（或指针）的双影. 这时必须调节 M_1 或 M_2 镜后的螺丝，以改变 M_1 或 M_2 镜面的方位，直到双影完全重合. 一般地说，这时即可出现干涉条纹，再仔细、慢慢地调节 M_2 镜旁的微调弹簧，使条纹成圆形.

（2）把圆形干涉条纹调好后，缓慢移动 M_1 镜，使视场中心的可见度最小，记下镜 M_1 的位置 d_1，再沿原来方向移动 M_1 镜，直到可见度最小，记下 M_1 镜的位置 d_2，即得到 $\Delta d = |d_2 - d_1|$.

（3）按上述步骤重复三次，求得 $\overline{\Delta d}$，代入式（6.19），计算出纳光的双线波长差 $\Delta\lambda$，取 $\bar{\lambda}$ 为 589.3 nm.

6.5.5 注意事项

(1) 保护光学元件的表面；

(2) 测量时消除螺距差；

(3) 眼睛不能直视未扩束的激光；

(4) 在调节和测量过程中，一定要非常细心和耐心，转动手轮时要缓慢、均匀；

(5) 为了防止引进螺距差，每项测量时必须沿同一方向转动手轮，途中不能倒退；

(6) 在用激光器测波长时，M_1 镜的位置应保持在 $30 \sim 60$ mm 范围内；

(7) 为了测量读数准确，使用干涉仪前必须对读数系统进行校正.

思 考 题 五

1. 什么是定域条纹？什么是非定域条纹？两者用的光源与观察仪器有何不同？

2. 分析扩束激光和钠光产生的圆形干涉条纹的差别.

3. 怎样利用干涉条纹的"涌出"和"陷入"来测定光波的波长？

4. 调节钠光的干涉条纹时，如果确使双影重合，但条纹并不出现，试分析可能产生的原因.

5. 用迈克耳孙干涉仪设计一个实验测量薄膜的折射率或厚度.

6.6 等厚干涉现象的研究

6.6.1 实验目的

(1) 观察牛顿环产生的等厚干涉条纹，加深对等厚干涉现象的认识；

(2) 掌握用牛顿环测量平凸透镜曲率半径的方法；

(3) 通过实验熟悉测量显微镜的使用方法.

6.6.2 实验仪器

测量显微镜、牛顿环仪、钠光灯、劈尖装置和待测细丝.

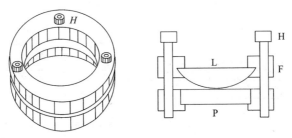

图 6.25 牛顿环仪

牛顿环仪是由曲率半径约为 $200 \sim 700 \, \text{cm}$ 的待测平凸透镜 L 和磨光的平玻璃板 P 叠和装在金属框架 F 中构成,如图 6.25 所示.框架边上有三只螺旋 H,用来调节 L 和 P 之间的接触,以改变干涉条纹的形状和位置.调节 H 时,螺旋不可旋得过紧,以免接触压力过大引起透镜弹性形变,甚至损坏透镜.

6.6.3　实验原理

当一束单色光入射到透明薄膜上时,通过薄膜上下表面依次反射而产生两束相干光.如果这两束反射光相遇时的光程差仅取决于薄膜厚度,则同一级干涉条纹对应的薄膜厚度相等,这就是所谓的等厚干涉.

本实验研究牛顿环和劈尖所产生的等厚干涉.

6.6.3.1　等厚干涉

如图 6.26 所示,玻璃板 A 和玻璃板 B 二者叠放起来,中间加有一层空气(即形成了空气劈尖).设光线 1 垂直入射到厚度为 d 的空气薄膜上.入射光线在 A 板下表面和 B 板上

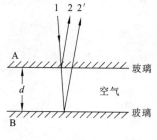

图 6.26　等厚干涉的形成

表面分别产生反射光线 2 和 2′,二者在 A 板上方相遇,由于两束光线都是由光线 1 分出来的(分振幅法),故频率相同、相位差恒定(与该处空气厚度 d 有关)、振动方向相同,因而会产生干涉.现在考虑光线 2 和 2′ 的光程差与空气薄膜厚度的关系.显然光线 2′ 比光线 2 多传播了一段距离 $2d$.此外,由于反射光线 2′ 是由光密媒质(玻璃)向光疏媒质(空气)反射,会产生半波损失.故总的光程差还应加上半个波长 $\frac{\lambda}{2}$,即 $\Delta = 2d + \frac{\lambda}{2}$.

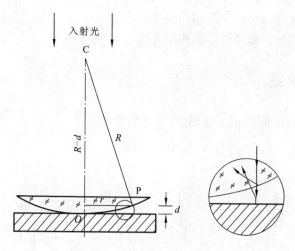

图 6.27　凸透镜干涉光路图

根据干涉条件,当光程差为波长的整数倍时相互加强,出现亮纹;为半波长的奇数倍时互相减弱,出现暗纹. 因此有

$$\Delta = 2d + \frac{\lambda}{2} = \begin{cases} 2k \cdot \dfrac{\lambda}{2} & k = 1,2,3,\cdots,\text{出现亮纹} \\[2mm] (2k+1) \cdot \dfrac{\lambda}{2} & k = 0,1,2,\cdots,\text{出现暗纹} \end{cases}$$

光程差 Δ 取决于产生反射光的薄膜厚度. 同一条干涉条纹所对应的空气厚度相同,故称为等厚干涉.

6.6.3.2 牛顿环

当一块曲率半径很大的平凸透镜的凸面放在一块光学平板玻璃上,在透镜的凸面和平板玻璃间形成一个上表面是球面,下表面是平面的空气薄层,其厚度从中心接触点到边缘逐渐增加. 离接触点等距离的地方,厚度相同,等厚膜的轨迹是以接触点为中心的圆.

如图 6.27 所示,当透镜凸面的曲率半径 R 很大时,在 P 点处相遇的两反射光线的几何程差为该处空气间隙厚度 d 的两倍,即 $2d$. 又因这两条相干光线中一条光线来自光密媒质面上的反射,另一条光线来自光疏媒质上的反射,它们之间有一附加的半波损失,所以在 P 点处得两相干光的总光程差为

$$\Delta = 2d + \frac{\lambda}{2} \tag{6.20}$$

当光程差满足 $\Delta = (2m+1) \cdot \dfrac{\lambda}{2} (m = 0,1,2,\cdots)$ 时,为暗条纹;$\Delta = 2m \cdot \dfrac{\lambda}{2} (m = 1, 2,3,\cdots)$ 时,为明条纹.

设透镜 L 的曲率半径为 R,r 为环形干涉条纹的半径,且半径为 r 的环形条纹下面的空气厚度为 d,则由图 6.26 中的几何关系可知

$$R^2 = (R-d)^2 + r^2 = R^2 - 2Rd + d^2 + r^2$$

因为 R 远大于 d,故可略去 d^2 项,则可得

$$d = \frac{r^2}{2R} \tag{6.21}$$

这一结果表明,离中心越远,光程差增加愈快,所看到的牛顿环也变得越来越密. 将式(6.21)代入式(6.20)有

$$\Delta = \frac{r^2}{R} + \frac{\lambda}{2}$$

则根据牛顿环的明暗纹条件:

$$\Delta = \frac{r^2}{R} + \frac{\lambda}{2} = (2m+1) \cdot \frac{\lambda}{2} \quad m = 0,1,2,\cdots(\text{暗纹})$$

$$\Delta = \frac{r^2}{R} + \frac{\lambda}{2} = 2m \cdot \frac{\lambda}{2} \quad\quad m = 1,2,3,\cdots(\text{明纹})$$

由此可得,牛顿环的明、暗纹半径分别为

$$r_m = \sqrt{mR\lambda} \quad (暗纹)$$

$$r'_m = \sqrt{(2m-1)R \cdot \frac{\lambda}{2}} \quad (明纹)$$

式中, m 为干涉条纹的级数; r_m 为第 m 级暗纹的半径; r'_m 为第 m 级亮纹的半径.

以上两式表明, 当 λ 已知时, 只要测出第 m 级亮环(或暗环)的半径, 就可计算出透镜的曲率半径 R; 相反, 当 R 已知时, 即可算出 λ.

观察牛顿环时将会发现, 牛顿环中心不是一点, 而是一个不甚清晰的暗或亮的圆斑. 其原因是透镜和平玻璃板接触时, 由于接触压力引起形变, 使接触处为一圆面; 又镜面上可能有微小灰尘等存在, 从而引起附加的程差. 这都会给测量带来较大的系统误差.

我们可以通过测量距中心较远的、比较清晰的两个暗环纹的半径的平方差来消除附加程差带来的误差. 假定附加厚度为 a, 则光程差为

$$\Delta = 2(d \pm a) + \frac{\lambda}{2} = (2m+1)\frac{\lambda}{2}$$

则 $d = m \cdot \dfrac{\lambda}{2} \pm a$, 将其代入式(6.20)可得

$$r^2 = mR\lambda \pm 2Ra$$

取第 m, n 级暗条纹, 则对应的暗环半径为

$$r_m^2 = mR\lambda \pm 2Ra \qquad r_n^2 = nR\lambda \pm 2Ra$$

将两式相减, 得

$$r_m^2 - r_n^2 = (m-n)R\lambda$$

由此可见 $r_m^2 - r_n^2$ 与附加厚度 a 无关.

由于暗环圆心不易确定, 故取暗环的直径替换, 因而, 透镜的曲率半径

$$R = \frac{D_m^2 - D_n^2}{4(m-n)\lambda}$$

由此式可以看出, 半径 R 与附加厚度无关, 且有以下特点:

(1) R 与环数差 $m-n$ 有关;

(2) 对于 $D_m^2 - D_n^2$, 由几何关系可以证明, 两同心圆直径平方差等于对应弦的平方差. 因此, 测量时无须确定环心位置, 只要测出同心暗环对应的弦长即可.

本实验中, 入射光波长已知($\lambda = 589.3\ \text{nm}$), 只要测出 D_m, D_n, 就可求的透镜的曲率半径.

6.6.3.3　劈尖干涉

在劈尖架上两个光学平玻璃板中间的一端插入一薄片(或细丝), 则在两玻璃板间形成一空气劈尖. 当一束平行单色光垂直照射时, 则被劈尖薄膜上下两表面反射的两束光进行相干叠加, 形成干涉条纹. 其光程差为

$$\Delta = 2d + \frac{\lambda}{2}$$

式中, d 为空气隙的厚度.

产生的干涉条纹是一簇与两玻璃板交接线平行且间隔相等的平行条纹,如图 6.28 所示.

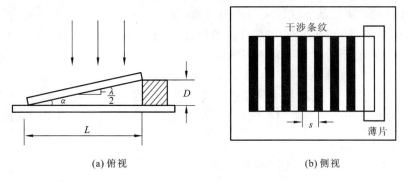

(a) 俯视　　　　　　　　　　　　　　　(b) 侧视

图 6.28　劈尖干涉测厚度示意图

同样根据牛顿环的明暗纹条件有

$$\Delta = 2d + \frac{\lambda}{2} = (2m+1) \cdot \frac{\lambda}{2} \quad m = 1,2,3\cdots \text{时},为干涉暗纹.$$

$$\Delta = 2d + \frac{\lambda}{2} = 2m \cdot \frac{\lambda}{2} \qquad m = 1,2,3\cdots \text{时},为干涉明纹.$$

显然,同一明纹或同一暗纹都对应相同厚度的空气层,因而是等厚干涉.同样易得,两相邻明条纹(或暗条纹)对应空气层厚度差都等于 $\frac{\lambda}{2}$;则第 m 级暗条纹对应的空气层厚度为 $D_m = m\frac{\lambda}{2}$,假若夹薄片后劈尖正好呈现 m 级暗纹,则薄层厚度为

$$D = m\frac{\lambda}{2} \tag{6.22}$$

用 α 表示劈尖形空气间隙的夹角,s 表示相邻两暗纹间的距离,L 表示劈间的长度,则有

$$\alpha \approx \text{tg}\alpha = \frac{\frac{\lambda}{2}}{s} = \frac{D}{L}$$

则薄片厚度为

$$D = \frac{L}{s} \cdot \frac{\lambda}{2}$$

由上式可见,如果求出空气劈尖上总的暗条纹数,或测出劈尖的 L 和相邻暗纹间的距离 s,都可以由已知光源的波长 λ 测定薄片厚度(或细丝直径)D.

6.6.4　实验内容

6.6.4.1　观察牛顿环

(1) 接通钠光灯电源使灯管预热;

(2) 将牛顿环装置放置在读数显微镜镜筒下,镜筒置于读数标尺中央约 25 cm 处;

(3) 待钠光灯正常发光后,调节读数显微镜下底座平台高度(底座可升降),使 45° 玻

璃片正对钠灯窗口,并且同高;

(4)在目镜中观察从空气层反射回来的光,整个视场应较亮,颜色呈钠光的黄色,如果看不到光斑,可适当调节45°玻璃片的倾斜度(一般实验室事先已调节好,不可随意调节)及平台高度,直至看到反射光斑,并均匀照亮视场;

(5)调节目镜,在目镜中看到清晰的十字准线的像;

(6)转动物镜调节手轮,调节显微镜镜筒与牛顿环装置之间的距离.先将镜筒下降,使45°玻璃片接近牛顿环装置但不能碰上,然后缓慢上升,直至在目镜中看到清晰的十字准线和牛顿环像.

6.6.4.2 测量21环到30环的直径

(1)粗调仪器,移动牛顿环装置,使十字准线的交点与牛顿环中心重合;

(2)放松目镜紧固螺丝(该螺丝应始终对准槽口),转动目镜使十字准线中的一条线与标尺平行,即与镜筒移动方向平行;

(3)转动读数显微镜读数鼓轮,镜筒将沿着标尺平行移动,检查十字准线中竖线与干涉环的切点是否与十字准线交点重合,若不重合,按步骤(1)、(2)再仔细调节(检查左右两侧测量区域);

(4)把十字准线移到测量区域中央(25环左右),仔细调节目镜及镜筒的焦距,使十字准线像与牛顿环像无视差;

(5)转动读数鼓轮,观察十字准线从中央缓慢向左(或向右)移至37环,然后反方向自37环向右移动,当十字准线竖线与30环外侧相切时,记录读数显微镜上的位置读数x_{30}然后继续转动鼓轮,使竖线依次与29,28,27,26,25,24,23,22,21环外侧相切,并记录读数.过了21环后继续转动鼓轮,并注意读出环的顺序,直到十字准线回到牛顿环中心,核对该中心是否是$k=0$;

(6)继续按原方向转动读数鼓轮,越过干涉圆环中心,在表6.1中记录十字准线与右边第21,22,23,24,25,26,27,28,29,30环内外切时的读数,注意从37环移到另一侧30环的过程中鼓轮不能倒转.然后再反向转动鼓轮,并读出反向移动时各暗环次序,并核对十字准线回到牛顿环中心时k是否是0.

表6.1 实验数据表格

钠光波长 $\lambda = 589.3$ nm   环数差 $m - n = 5$

暗环级数(m)	暗环位置		D_m/mm	暗环级数(n)	暗环位置		D_n/mm	$D_m^2 - D_n^2$ /mm^2
	左	右			左	右		
30				25				
29				24				
28				23				
27				22				
26				21				
平均值:$\overline{D_m^2 - D_n^2} = ($ $)$mm^2								

计算出牛顿环的曲率半径 R：

$$\overline{R} = \underline{\hspace{2cm}} \ \text{m} \qquad \Delta R = \underline{\hspace{2cm}} \ \text{m}$$

测量结果：牛顿环曲率半径为 $R = \overline{R} \pm \Delta \overline{R} = (\underline{\hspace{3cm}} \pm \underline{\hspace{1.5cm}})\text{m}$

6.6.5　造做内容

用劈尖干涉干涉法测微小厚度（微小直径）：

（1）将被测细丝（或薄片）夹在两块平玻璃之间，然后置于显微镜载物台上. 用显微镜观察、描绘劈尖干涉的图像. 改变细丝在平玻璃板间的位置，观察干涉条纹的变化.

（2）由式（6.22）可见，当波长已知时，在显微镜中数出干涉条纹数 m，即可得相应的薄片厚度. 一般说 m 值较大. 为避免记数 m 出现差错，可先测出某长度 L_x 间的干涉条纹数 X，得出单位长度内的干涉条纹数 $n = \dfrac{X}{L_x}$. 若细丝与劈尖棱边的距离为 L，则共出现的干涉条纹数 $m = n \cdot L$. 代入式 6.22 可得到薄片的厚度 $D = n \cdot L \cdot \dfrac{\lambda}{2}$.

6.6.6　注意事项

（1）使用读数显微镜时，为避免引进螺距差，移测时必须向同一方向旋转，中途不可倒退.

（2）调节 H 时，螺旋不可旋得过紧，以免接触压力过大引起透镜弹性形变.

（3）实验完毕应将牛顿环仪上的三个螺旋松开，以免牛顿环变形.

思 考 题 六

1. 理论上牛顿环中心是个暗点，实际看到的往往是个忽明忽暗的斑，造成的原因是什么？对透镜曲率半径 R 的测量有无影响？为什么？

2. 牛顿环的干涉条纹各环间的间距是否相等？为什么？

3. 牛顿环干涉条纹一定会成为圆环形状吗？其形成的干涉条纹定域在何处？

4. 从牛顿环仪透射出到环底的光能形成干涉条纹吗？如果能形成干涉环，则与反射光形成的条纹有何不同？

5. 实验中为什么要测牛顿环直径，而不测其半径？

6. 实验中为什么要测量多组数据且采用多项逐差法处理数据？

7. 实验中如果用凹透镜代替凸透镜，所得数据有何异同？

附录　物理常量表

表1　基本物理常量

物理常数名称	符号	数值	单位
阿伏伽德罗常量	N_A	$6.02214179(30) \times 10^{23}$	mol^{-1}
摩尔体积(理想气体,273.15 K,101352 Pa)	V_m	$22.413996(39) \times 10^{-3}$	m^3/mol
真空中的光速	c	2.99792458×10^8	m/s
法拉第常量	F	$9.64853399(24) \times 10^4$	C/mol
元电荷	e	$1.602176487(40) \times 10^{-19}$	C
普朗克常量	h	$6.62606896(33) \times 10^{-34}$	$J \cdot s$
精细结构常数$\dfrac{e^2}{\hbar c}$	α	$1/137.035999679(94)$	
玻耳兹曼常量	k	$1.3806504(24) \times 10^{-23}$ $8.617343(15) \times 10^{-11}$	J/K MeV/K
斯忒藩-玻耳兹曼常量	σ	$5.670400(40) \times 10^{-8}$	$J/(s \cdot m^2 \cdot K^4)$
电子静止质量	m_e	$9.10938215(45) \times 10^{-31}$	kg
质子静止质量	m_p	$1.660538782(83) \times 10^{-27}$	kg
原子质量单位	u	$1.660538782(83) \times 10^{-27}$	kg
里德伯常量	R_∞	1.097373178×10^7	m^{-1}
玻尔磁子	μ_B	$5.7883817555(79) \times 10^{-5}$	eV/T
引力常数	G	$6.67428(67) \times 10^{-11}$	$m^3/(kg \cdot s^2)$
标准重力加速度	g	$9.80665(0)$	m/s^2

表2　固体的密度

物质	密度 $/(10^3 \ kg/m^3)$	物质	密度 $/(10^3 \ kg/m^3)$	物质	密度 $/(10^3 \ kg/m^3)$
银	10.492	花岗岩	$2.6 \sim 2.7$	电木板(纸层)	$1.32 \sim 1.40$
金	19.3	大理石	$1.52 \sim 2.86$	纸	$0.7 \sim 1.1$
铝	2.70	玛瑙	$2.5 \sim 2.8$	石蜡	$0.87 \sim 0.94$
铁	7.86	熔融石英	2.2	蜂蜡	0.96
铜	8.993	玻璃(普通)	$2.4 \sim 2.6$	煤	$1.2 \sim 1.7$
镍	8.85	玻璃(冕牌)	$2.2 \sim 2.6$	石板	$2.7 \sim 2.9$
钴	8.71	玻璃(火石)	$2.8 \sim 4.5$	橡胶	$0.91 \sim 0.96$

续表

物质	密度 /(10^3 kg/m³)	物质	密度 /(10^3 kg/m³)	物质	密度 /(10^3 kg/m³)
铬	7.14	瓷器	2.0～2.6	硬橡胶	1.1～1.4
铅	11.342	沙	1.4～1.7	丙烯树脂	1.182
锡	7.29	砖	1.2～2.2	尼龙	1.11
锌	7.12	混凝土⑤	2.4	聚乙烯	0.90
黄铜①	8.5～8.7	沥青	1.04～1.40	聚苯乙烯	1.056
青铜②	8.78	松木	0.52	聚氯乙烯	1.2～1.6
康铜③	8.88	竹	0.31～0.41	冰(0 ℃)	0.917
不锈钢④	7.91	软木	0.22～0.26		

① Cu70％,Zn30％.

② Cu90％,Sn10％.

③ Cu60％,Ni40％.

④ Cr18％,Ni8％,Fe74％.

⑤ 水泥 1 份,沙 2 份,碎石 4 份.

表 3　液体的密度 /g·cm⁻³

物质	密度 /(10^3 kg/m³)	物质	密度 /(10^3 kg/m³)	物质	密度 /(10^3 kg/m³)
丙酮	0.791*	甘油	1.261*	松节油	0.87
乙醇	0.789 3*	甲苯	0.866 8*	蓖麻油	0.96～0.97
甲醇	0.791 3*	重水	1.105*	海水	1.01～1.05
苯	0.879 0*	汽油	0.66～0.75	牛乳	1.03～1.04
三氯甲烷	1.489*	柴油	0.85～0.90		

* 为 20 ℃ 值.

表 4　水的密度　　　　　　单位:10^3 kg/m³

温度/℃	0	1	2	3	4	5	6	7	8	9
0	0.9 999 7	0.9 999 0	0.9 999 4	0.9 999 6	0.9 999 7	0.9 999 6	0.9 999 4	0.9 999 1	0.9 998 8	0.9 998 1
10	997 3	996 3	995 2	994 0	992 7	991 3	989 7	988 0	986 2	984 3
20	982 3	980 2	978 0	975 7	973 3	970 6	968 1	965 4	962 6	959 7
30	956 8	953 7	950 5	947 3	944 0	940 6	937 1	933 6	929 9	926 2
40	922	919	915	911	907	902	898	894	890	885
50	881	876	872	867	862	857	853	848	843	838
60	832	827	822	817	811	806	801	795	789	784
70	778	772	767	761	755	749	743	737	731	725
80	718	712	706	699	693	687	680	673	667	660
90	653	647	640	633	626	619	612	605	598	591
100	584	577	569							

表 5   各种固体的力学性能

物质名称	弹性模量 $E/(10^{10}$ N/m²)	切变模量 $E/(10^{10}$ N/m²)	泊松比 σ
金	8.1	2.85	0.42
银	8.27	3.03	0.38
铂	16.8	6.4	0.30
铜	12.9	4.8	0.37
铁(软)	21.19	8.16	0.29
铁(铸)	15.2	6.0	0.27
铁(钢)	$20.1 \sim 21.6$	$7.8 \sim 8.4$	$0.28 \sim 0.30$
铝	7.03	$2.4 \sim 2.6$	0.355
锌	10.5	4.2	0.25
铅	1.6	0.54	0.43
锡	5.0	1.84	0.34
镍	21.4	8.0	0.336
硬铝	7.14	2.67	0.335
磷青铜	12.0	4.36	0.38
不锈钢	19.7	7.57	0.30
黄铜	10.5	3.8	0.374
康铜	16.2	6.1	0.33
熔融石英	7.31	3.12	0.170
玻璃(冕牌)	7.1	2.9	0.22
玻璃(火石)	8.0	3.2	0.27
尼龙	0.35	0.122	0.4
聚乙烯	0.077	0.026	0.46
聚苯乙烯	0.36	0.133	0.35
橡胶(弹性)	$(1.5 \sim 5) \times 10^{-4}$	$(5 \sim 15) \times 10^{-5}$	$0.46 \sim 0.49$

表 6   固体中的声速(沿棒传播的纵波)

固体	声速 /(m/s)	固体	声速 /(m/s)
铝	5 000	锡	2 730
黄铜(Cu70%,Zn30%)	3 480	钨	4 320
铜	3 750	锌	3 850
硬铝	5 150	银	260
金	2 030	硼硅酸玻璃	5 170

固体	声速 /(m/s)	固体	声速 /(m/s)
电解铁	5 120	重硅钾铅玻璃	3 720
铅	1 210	轻氯铜银冕玻璃	4 540
镁	4 940	丙烯树脂	1 840
莫涅尔合金	4 400	尼龙	1 800
镍	4 900	聚乙烯	920
铂	2 800	聚苯乙烯	2 240
不锈钢	5 000	熔融石英	5 760

表 7　液体中的声速(在 20 ℃ 下)

液体	声速 /(m/s)	液体	声速 /(m/s)
CCl_4	935.0	$C_3H_8O_3$(甘油)	1 923.0
C_6H_6	1 324.0	CH_3OH	1 121.0
$CHBr_3$	928.0	C_2H_5OH	1 168.0
$C_6H_5CH_3$	1 327.5	CS_2	1 158.0
CH_3COCH_3	1 190.0	H_2O	1 482.9
$CHCl_3$	1 002.5	Hg	1 451.0
C_6H_5Cl	1 284.5	NaCl 4.8% 水溶液	1 542.0

表 8　气体中的声速(在 101 325 Pa,0 ℃ 下)

气体	声速 /(m/s)	气体	声速 /(m/s)
空气	331.45	H_2O(水蒸气)(100 ℃)	404.80
Ar	319.00	He	970.00
CH_4	432.00	N_2	337.00
C_2H_4	314.00	NH_3	415.00
CO	337.10	NO	325.00
CO_2	258.00	N_2O	261.80
CS_2	189.00	Ne	435.00
Cl_2	205.30	O_2	317.20
H_2	1 269.50		

表 9   一些元素的熔点和沸点（在 101 325 Pa 下）

元素	熔点 /℃	沸点 /℃	元素	熔点 /℃	沸点 /℃
铜	1 084.5	1 580	金	1 064.43	2 710
铁	1 535	2 754	银	961.93	2 184
镍	1 455	2 731	锡	231.97	2 270
铬	1 890	2 212	铅	327.5	1 750
铝	660.4	2 486	汞	− 38.86	356.72
锌	419.58	903			

表 10   固体的线胀系数（在 101 325 Pa 下）

质	温度 /℃	线胀系数 /10^6K^{-1}	物质	温度 /℃	线胀系数 /10^6K^{-1}
金	20	14.2	碳素钢		约 11
银	20	19.0	不锈钢	20 ~ 100	16.0
铜	20	16.7	镍铬合金	100	13.0
铁	20	11.8	石英玻璃	20 ~ 100	0.4
锡	20	21	玻璃	0 ~ 300	8 ~ 10
铅	20	28.7	陶瓷		3 ~ 6
铝	20	23.0	大理石	25 ~ 100	5 ~ 16
镍	20	12.8	花岗岩	20	8.3
黄铜	20	18 ~ 19	混凝土	− 13 ~ 21	6.8 ~ 12.7
殷钢	− 250 ~ 100	− 1.5 ~ 2.0	木材（平行纤维）		3 ~ 5
锰铜	20 ~ 100	18.1	木材（垂直纤维）		35 ~ 60
磷青铜	—	17	电木板		21 ~ 33
镍钢（Ni10）	—	13	橡胶	16.7 ~ 25.3	77
镍钢（Ni43）	—	7.9	硬橡胶		50 ~ 80
石蜡	16 ~ 38	130.3	冰	− 50	45.6
聚乙烯		180	冰	− 100	33.9
冰	0	52.7			

表 11　物质的比热容

元素	温度 /℃	比热容 /(10^2 J/(kg·K))	元素	温度 /℃	比热容 /(10^2 J/(kg·K))
Al	25	9.04	水	25	41.73
Ag	25	2.37	乙醇	25	24.19
Au	25	1.28	石英玻璃	20 ~ 100	7.87
C(石墨)	25	7.07	黄铜	0	3.70
Cu	25	3.850	康铜	18	4.09
Fe	25	4.48	石棉	0 ~ 100	7.95
Ni	25	4.39	玻璃	20	5.9 ~ 9.2
Pb	25	1.28	云母	20	4.2
Pt	25	1.363	橡胶	15 ~ 100	11.3 ~ 20
Si	25	7.125	石蜡	0 ~ 20	29.1
Sn(白)	25	2.22	木材	20	约 12.5
Zn		3.89	陶瓷	20 ~ 200	7.1 ~ 8.8

表 12　物质的导热率

物质	温度 /K	热导率 /(10^{-2} W/(m·K))	物质	温度 /K	热导率 /(10^{-2} W/(m·K))
CH_4	300	3.43	C(石墨)	273	2.50
H_2	300	18.15	Ca	273	0.98
O_2	300	2.674	Cu	273	4.01
空气	300	2.61	Fe	273	0.835
空气	1 000	6.72	Ni	273	0.91
H_2O	380	2.45	Pb	273	0.35
H_2O	273	5.62	Pt	273	0.73
H_2O	293	5.97	Si	273	1.70
H_2O	360	6.74	Sn	273	0.67
Hg	273	84	石英玻璃	273	0.014
甘油	293	2.83	黄铜	273	1.20
石油	293	1.50	锰铜	273	0.22
硅油(分子量 162)	333	0.993	康铜	273	0.22
硅油(分子量 1 200)	333	1.32	不锈钢	273	0.14
硅油(分子量 15 800)	333	1.60	软木	300	0.000 42
Ag	273	4.28	混凝土	273	0.008 4
Al	273	2.35	花岗岩	300	0.016
Au	273	3.18	橡胶(天然)	298	0.001 5
C(金刚石)	273	6.60	棉布	313	0.000 8

表 13　某些金属和合金的电阻率及其温度系数

金属或合金	电阻率 / $\mu\Omega \cdot m$	温度系数 / $10^{-4}\ ℃^{-1}$	金属或合金	电阻率 /$\mu\Omega \cdot m$	温度系数 / $10^{-4}\ ℃^{-1}$
铝	0.028	42	锌	0.059	42
铜	0.017 2	43	锡	0.12	44
银	0.016	40	水银	0.958	10
金	0.024	40	武德合金	0.52	37
铁	0.098	60	钢(0.10% 碳)	0.01 ～ 0.14	60
铅	0.205	37	康铜	0.47 ～ 0.51	− 0.4 ～ 0.1
铂	0.105	39	铜锰镍合金	0.34 ～ 1.00	− 0.3 ～ 0.2
钨	0.055	48	镍铬合金	0.98 ～ 1.10	0.3 ～ 0.4

表 14　物质的折射率(对波长为 5 893Å)

物质名称	温度	折射率	物质名称	温度	折射率
空气		1.000 292 6	三氯甲烷	20	1.446
氢气		1.000 132	甘油	20	1.474
氮气		1.000 296	加拿大树胶	20	1.530
氧气		1.000 271	熔凝石英		1.458 43
水蒸气		1.000 254	氯化钠		1.544 27
二氧化碳		1.000 488	氯化锂		1.490 44
甲烷		1.000 444	萤石		1.433 81
水	20	1.333 0	冕牌玻璃 K_6		1.511 10
乙醇	20	1.361 4	冕牌玻璃 K_8		1.515 90
乙醇	22	1.351 0	冕牌玻璃 K_9		1.516 30
甲醇	20	1.328 8	重冕玻璃 ZK_6		1.612 60
苯	20	1.501 1	重冕玻璃 ZK_8		1.614 00
丙酮	20	1.359 1	火石玻璃 F_3		1.605 51
二硫化碳	18	1.625 5	重火石玻璃 ZF_6		1.755 00